やさしく学ぶ エックス線作業主任者試験

加藤 潔 [編]

Ohmsha

本書を発行するにあたって，内容に誤りのないようできる限りの注意を払いましたが，本書の内容を適用した結果生じたこと，また，適用できなかった結果について，著者，出版社とも一切の責任を負いませんのでご了承ください．

本書は，「著作権法」によって，著作権等の権利が保護されている著作物です．本書の複製権・翻訳権・上映権・譲渡権・公衆送信権（送信可能化権を含む）は著作権者が保有しています．本書の全部または一部につき，無断で転載，複写複製，電子的装置への入力等をされると，著作権等の権利侵害となる場合があります．また，代行業者等の第三者によるスキャンやデジタル化は，たとえ個人や家庭内での利用であっても著作権法上認められておりませんので，ご注意ください．

本書の無断複写は，著作権法上の制限事項を除き，禁じられています．本書の複写複製を希望される場合は，そのつど事前に下記へ連絡して許諾を得てください．

(社)出版者著作権管理機構
(電話 03-3513-6969，FAX 03-3513-6979，e-mail: info@jcopy.or.jp)

JCOPY <(社)出版者著作権管理機構 委託出版物>

はしがき

　本書は，エックス線作業主任者試験の受験者の方々を対象として，本書一冊で受験準備が整うように，テキストと問題集を合体してコンパクト化を図り，読み進めるに従って必要な知識を確実に習得できるように編集してあります．本文は，実際の試験に合わせ，「エックス線の管理」，「エックス線の測定」，「エックス線の生体に与える影響」および「関係法令」の4つの章で構成してあります．どの章から読み始めていただいても結構です．それぞれの章の要所には理解を深めるための「例題」を配置し，また，章末には実力を試すための「問題演習」を用意しました．「例題」にはそれぞれ「解説」が付いていますが，それらも必要な知識として覚えるようにしてください．「問題演習」は，ここ数年間に実際の試験に出題された代表的な問題を集めたものです．受験前には繰り返し解いて直前の受験対策としてください．また，毎年4月と10月に（財）安全衛生技術試験協会（http://www.exam.or.jp）より実際の出題問題が公開され，インターネットを通じてダウンロードすることができます．解答は付いていませんが，練習問題として，また，出題傾向を探る手段として活用されることをお勧めします．

　なお，本書の前身は，1975年発行の「エックス線作業主任者受験読本（大塚正利著）」です．その後，1993年発行の「エックス線作業主任者受験テキスト（川高喜三郎著）」に受け継がれ，2001年の電離放射線障害防止規則およびその関係法令の大幅な改正を受けて改訂された「エックス線作業主任者試験 完全対策（川高喜三郎著）」が2002年に出版されました．いずれの著書も読者から好評を得てきましたが，今般，最近の出題傾向に沿って既出著書の内容を見直し，受験者の方々の便宜を考慮して新たに編集しました．

　最後に，読者の方々が本書を活用し，合格の栄冠を獲得されることを期待いたします．

2009年8月

編者しるす

目　次

1章　エックス線の管理
- 1.1　エックス線の物理 …………………………………………… 1
- 1.2　エックス線装置の原理 …………………………………… 22
- 1.3　エックス線装置の構造 …………………………………… 23
- 1.4　エックス線装置の取扱い ………………………………… 34
- 1.5　問題演習 …………………………………………………… 43
- 　　　問題の解答・解説 ……………………………………… 52

2章　エックス線の測定
- 2.1　エックス線に関する測定の単位 ………………………… 59
- 2.2　放射線に関する測定器の原理 …………………………… 61
- 2.3　サーベイメータの原理・構造と特徴 …………………… 71
- 2.4　個人線量計の原理・構造と特徴 ………………………… 85
- 2.5　問題演習 …………………………………………………… 93
- 　　　問題の解答・解説 ………………………………………102

3章　エックス線の生体に与える影響
- 3.1　エックス線の生体の細胞に与える影響 …………………109
- 3.2　エックス線の組織・器官に与える影響 …………………112
- 3.3　エックス線が全身に与える影響 …………………………119
- 3.4　確定的影響と確率的影響 …………………………………127
- 3.5　等価線量と実効線量 ………………………………………131
- 3.6　問題演習 ……………………………………………………133
- 　　　問題の解答・解説 ………………………………………138

目　次

4章　関係法令

- 4.1　関係法令の体系の概要 …………………………………… 143
- 4.2　関係法令の読み方 ………………………………………… 144
- 4.3　電離則・第1章（第1条～2条）－総則－ ……………… 146
- 4.4　電離則・第2章（第3条～9条）
　　　－管理区域と線量の限度および測定－ ……………… 149
- 4.5　電離則・第3章（第10条～21条）－外部放射線の防護－ … 158
- 4.6　電離則・第5章（第42条～45条）－緊急措置－ ……… 170
- 4.7　電離則・第6章（第46条～52条）
　　　－エックス線作業主任者について－ ………………… 174
- 4.8　電離則・第7章（第53条～55条）－作業環境の測定－ … 180
- 4.9　電離則・第8章（第56条～59条）－健康診断－ ……… 182
- 4.10　労安法・第3章 …………………………………………… 185
- 4.11　労安法・第5章－機械等および有害物質に関する規則－ … 190
- 4.12　労安法・第8章－免許等－ ……………………………… 191
- 4.13　労安法・第10章－監督等－ ……………………………… 192
- 4.14　問題演習 …………………………………………………… 193
　　　問題の解答・解説 ………………………………………… 201

付録

- ・付録1　エックス線に関連するいろいろな単位について ……… 207
- ・付録2　本書に関連する主な基礎物理定数 …………………… 209
- ・付録3　指数関数と対数関数に関する公式 …………………… 210
- ・付録4　10の整数乗倍を表すSI接頭語 ……………………… 211
- ・付録5　ギリシア文字 …………………………………………… 211

1章 エックス線の管理

1.1 エックス線の物理

① 原子とは

原子の成り立ち **原子**は，正電気を帯びた**原子核**とこれを取り巻く負電気を帯びた**軌道電子**から成り立っています．原子核は1，2，3，…単位の正電気を帯び，そのまわりに負電気を帯びた**電子**が1，2，3，…個あり，原子核の正電荷の数と同じ個数あって，全体として電気的に中性の原子ができています．例えば，水素原子は+1の電荷をもつ水素原子核と1個の電子からできています．ヘリウム原子は+2の電荷をもつヘリウム原子核と，2個の電子からできています（図1・1）．

+8個の電荷をもっている酸素原子核は，水素やヘリウムの原子核に比べると大きくて重く，そのまわりに8個の電子があります．このように，原子核の種類によって原子核の大きさも質量も，またその正電荷の数も違いますから，当然電子の数も違います．そして，**正電荷の数を原子番号**といいます．例えば，水素の原子番号は1，ヘリウムの原子番号は2となります．原子の大きさは，原子核

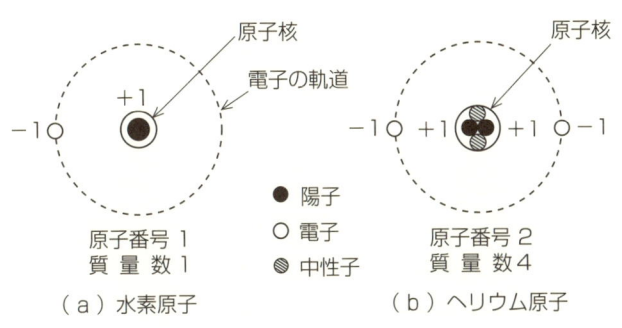

図1・1 水素，ヘリウム原子の模型

を中心として，そのまわりの電子の存在する空間を含めていいますが，その半径は最も小さい水素原子で約 0.3×10^{-10} m（0.03 nm（ナノメートル）），ウラン原子では約 2×10^{-10} m（0.2 nm）です．また，原子核や電子の半径は，だいたい 10^{-6} nm くらいです．

電子の質量は，水素原子核の質量の約 1/1840 で，原子核の質量に対して無視できるほどに小さいので，原子の質量は原子核だけの質量とみなすことができます．原子核の密度は極めて大きく，およそ 10^{14} g/cm^3 です．

原子核はどのような粒子からできているか　原子核は，陽子（プロトン）と中性子（ニュートロン）とからできています．陽子は +1 の電荷をもった粒子で，原子核が正の電気を帯びているのは，その中に，原子番号に等しい数の陽子が含まれているからです．中性子は電気的に中性（正でも負でもない）の粒子で，陽子 1 個の質量と中性子 1 個の質量はほとんど等しく，原子核に含まれている陽子の数を Z，中性子の数を N とすると，$Z+N$ をその原子の質量数といいます．

$$\begin{array}{l}\text{原子番号}\\ Z \text{の原子}\end{array}\left\{\begin{array}{l}+Z \text{の電荷をもった原子核}\left\{\begin{array}{l}Z \text{個の陽子}\\ N \text{個の中性子}\end{array}\right.\\ Z \text{個の電子}\end{array}\right. \quad \begin{array}{l}Z+N \cdots \text{原子番号 } Z \text{ の}\\ \text{原子の質量数}\end{array}$$

原子核に含まれている中性子の数 N は，同じ元素の原子でも必ずしも一定ではありませんが，原子番号が比較的小さい原子では，陽子の数 Z に等しいか陽子の数に近くなります．また，普通の水素の原子核だけは，陽子 1 個だけからできているので質量数は 1 となります．ただし，水素原子の中に中性子が 1 個と 2 個入ったものもあります．それぞれ重水素，三重水素といい，これらを水素の同位元素（アイソトープ）といいます．

原子核のまわりの電子はどのような状態で存在するか　原子には，原子核のまわりにその原子番号と同じ個数の電子が存在しますが，それらの電子はいくつかの層（軌道）に分かれて存在しています．図 1・2 に示すように，原子核に近いものから順に K 殻，L 殻，M 殻，…などと呼ばれ，それぞれの殻に入ることのできる電子の最大数は，2 個，8 個，18 個，…となっています．原子番号が大きくなるに従って，原子核のまわりの電子は，K 殻から順に L 殻，M 殻へと原子核に近い殻から満たされていきます．また，エネルギーの大きさは，K，L，M，…と大きくなります．

1.1　エックス線の物理

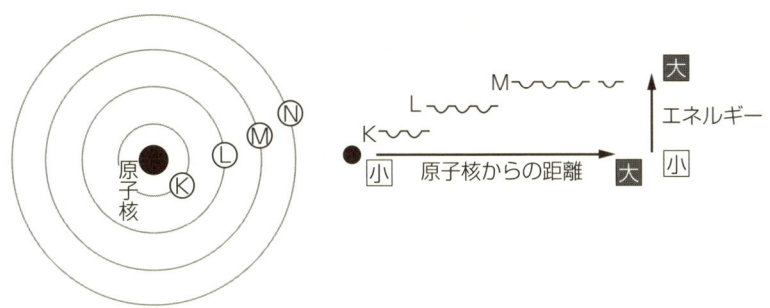

図1・2　電子の層（軌道）

② エックス線はどのような性質をもっているか

エックス線は波長が非常に短い電磁波の一種です．図1・3に示すように，電磁波のなかには波長が異なるものが含まれています．エックス線の波長は 10^{-8} ～ 10^{-12} m（10 nm ～ 0.001 nm）の範囲にあります．

エックス線の性質のうちで基本的なものをあげると次のようになります．

① 対陰極（陽極）から発散し，対陰極に対しては垂直ではありません．
② 磁界や電界によって曲げられません．

この①，②の性質は，エックス線が帯電粒子の流れでないことを表しています．

③ 結晶に当たると回折し干渉します．このことは，エックス線は波でその波長は光より短いことを示しています．
④ 光と同じように偏りを示します．このことは，その波が横波であることを示しています．
⑤ 物質に当たると電子（光電子）を出します（光電効果）．このことは，光子として働き，電磁波であることを示しています．
⑥ その光電子のエネルギーは大きく，振動数が大きい．したがって，波長が小さい．
⑦ 化学作用（写真フィルムを感光します）．
⑧ 蛍光作用（蛍光板に当てると蛍光を出します）．
⑨ 生理作用（エックス線が当たると細胞を壊します）．

1章　エックス線の管理

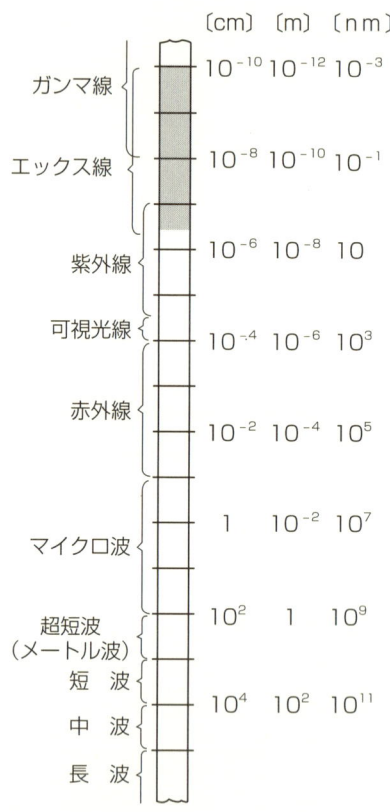

図1・3　電磁波の分類

⑩ **透過作用**（エックス線の波長が短いほどよく透過し，その透過力は物質の密度に反比例します）．

⑪ **電離作用**（エックス線は気体を電離してイオンとし，気体に電気伝導性を与えます）．

③ 連続エックス線とは

エックス線を分光計に通して見ると，図1・4のように連続スペクトルを示します．これは，管電圧を 20 kV（キロボルト，2万ボルト）から 50 kV の範囲で測定したものです．図のそれぞれの曲線について見ると，ある波長より短い成分

1.1 エックス線の物理

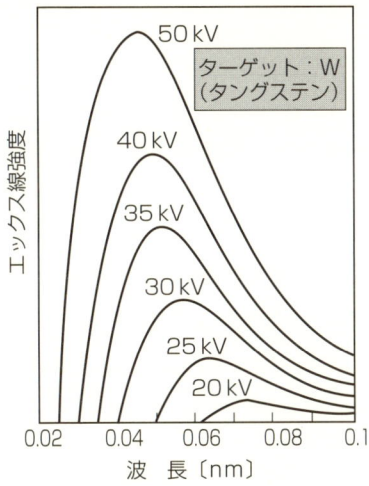

図1・4 連続エックス線のスペクトル

はなく，その最短波長より長くなるとしだいに強さが増し，ある波長で最高の強度を示します．さらに波長が長くなると，逆に強さが減少していきます．このように，いろいろの長さの波長からできている連続スペクトルを示すエックス線を連続エックス線または白色エックス線といいます．また，加速電子が制動を受けて発生することから，制動エックス線とも呼ばれます．

図でわかるように，管電圧の変化によって次の三つの量が変わります．

① 管電圧が高くなるほど，曲線と横軸の水平線で囲まれた面積が大きくなります．この面積はエックス線の全強度を表します．実験的には全強度 I は管電流 i，管電圧 V，ターゲットの原子番号 Z とすると，$I = 1.1 \times 10^{-9} i V^2 Z$ のような式が求められています．

② 曲線の頂点の位置は最高強度を示す波長を表し，管電圧が高くなるほど波長の短い側に移動します．

③ それぞれの管電圧における最短の波長を $\lambda_{\min}$（ラムダミニマム，minimum：最小）とすると，管電圧が高くなるほど短い側に移動します．

管電圧 V〔kV〕と最短波長 $\lambda_{\min}$〔nm〕の間には，

$$\lambda_{\min}〔\text{nm}〕 = \frac{1.24}{V〔\text{kV}〕}$$

の関係があります．例えば，$V = 30 \text{ kV}$ ならば $\lambda_{min} = 1.24/30 \fallingdotseq 0.0413 \text{ [nm]}$ となります．

④ 特性エックス線とは

図1·5は，モリブデン（原子番号 $Z = 42$）をターゲットとしたエックス線管から発生したエックス線のスペクトルを示します．連続エックス線の連続スペクトルの中に，波長 0.071 nm と 0.063 nm の位置に2本の線スペクトルが現れます．さらに，精度の高い分光計にかけると K_α は2本の線，$K_{\alpha 1}$ と $K_{\alpha 2}$ が現れます．これらの線スペクトルの波長は，管電圧を変えても変化せず，モリブデンに特有なものなので，**特性エックス線**と呼ばれます．

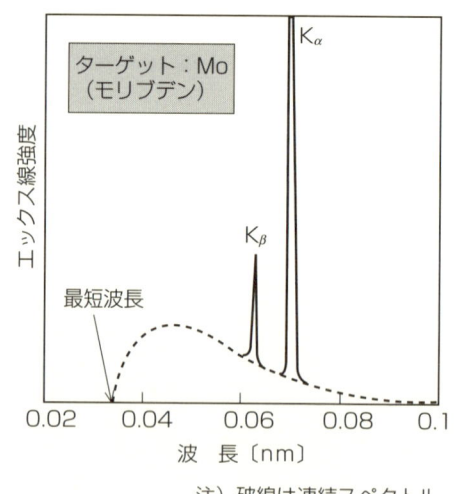

注）破線は連続スペクトル

図1·5 特性エックス線のスペクトル

特性エックス線を発生させるには，それぞれの系列に対応したある一定値以上の管電圧が必要で，この電圧の限界値を**励起電圧**といいます．K特性エックス線を発生させるための励起電圧は，モリブデンの場合が 20.0 kV，タングステンで 69.5 kV です．

1.1 エックス線の物理

⑤ エックス線の線質とは

エックス線の**線質**というのは，可視光線でいう青，あるいは赤という色に相当するものです．光の色は目で区別することができますが，エックス線は目に感じないので，物質を透過しやすいか，あるいはしにくいかの程度によって線質を表します（表1·1）．線質を定性的に表すには，物質を透過しやすいエックス線を「**硬い**」エックス線，透過しにくいエックス線を「**軟らかい**」エックス線といいます．

表1·1 エックス線の線質の表し方

	透過力	半価層	波長	実効エネルギー
硬いエックス線	強い	厚い	短い	高い
軟らかいエックス線	弱い	薄い	長い	低い

このほかに，定量的（大きさを定まった量として表す）には，半価層，波長，光子エネルギーまたは実効エネルギーなどと対応させて表します．

半価層というのは，ある金属にエックス線を透過して，その強さが半分に減ったときのその金属の厚さのことです．例えば，厚さ5mmの鉛板によってエックス線の強さが半減したとき，「そのエックス線の鉛に対する半価層は5mmである」といいます．

線質を波長で表すのは，特性エックス線のように線スペクトルをもつエックス線では都合がよいのですが，連続エックス線のように連続スペクトルをもつ場合には適していません．連続エックス線の線質は，**実効エネルギー**〔eV〕で表します．

実効エネルギーで表すと，次に示すように波長と一定の関係があります．

$$E(実効エネルギー) = h(プランク定数) \times \frac{c(光速度)}{\lambda(波長)}$$

$$h = 6.626 \times 10^{-34} \text{J·s}, \quad c = 3 \times 10^{8} \text{m/s}$$

より，これらを上式に代入して次式が得られます．なお，定数，単位等については巻末の付録で確認してください．

$$E\,[\text{keV}] = \frac{1.24}{\lambda\,[\text{nm}]}$$

上記の式を,波長 λ を求める式に書き直せば,

$$\lambda = \frac{1.24}{E}$$

となります.5頁③で示した連続エックス線の最短波長の式と比較してみると,右辺分母の E と V が置き変わっているだけです.最短波長の式の V は管電圧を表し,実効エネルギーの式の E は光量子のエネルギーを表しています.このことは,最短波長 $\lambda_{\min}$ については,管電圧で加速された1個の電子のエネルギー eV が,そのままエックス線の1個の光量子エネルギー E($=h\times c/\lambda$)に変わったことを意味します.$\lambda_{\min}$ より長い波長の光量子エネルギーは $V\,[\text{keV}]$ より小さく,連続エックス線全体では,$E<V$ の関係にあり,$E=V$ は $\lambda_{\min}$ についてのみ成りたつことになります.

⑥ エックス線が物質を透過した後の強さはどのように変わるか

エックス線が物質を透過した後の強さは,図1・6に示すように,物質の厚さが増すほど減少します.その関係を次のような指数関数の式で表すことができます.

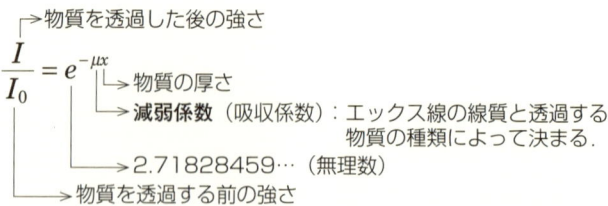

一般に,この式はエックス線の減弱の式と呼ばれます.この式を用いて計算する問題は多いので,この式の解法を示します.なお,指数関数や対数の公式については巻末の付録3に掲載してありますので必要な場合は参照してください.

$$\frac{I}{I_0} = e^{-\mu x}$$

両辺の対数をとります.

1.1 エックス線の物理

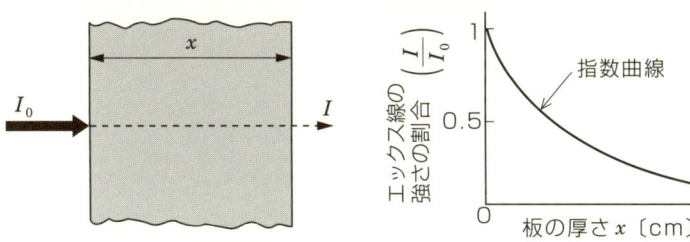

図1・6 エックス線の減弱

$$\log_e \frac{I}{I_0} = \log_e e^{-\mu x}$$

$$\log_e \frac{I}{I_0} = -\mu x \log_e e = -\mu x$$

$$x = -\frac{1}{\mu} \log_e \frac{I}{I_0} \quad \text{または} \quad \mu = -\frac{1}{x} \log_e \frac{I}{I_0}$$

となります.

半価層を x_h とすると，$x = x_h$ および $I/I_0 = 1/2$ から，

$$x_h = -\frac{1}{\mu} \log_e \frac{1}{2} = -\frac{1}{\mu}(\log_e 1 - \log_e 2) = \frac{\log_e 2}{\mu} = \frac{0.693}{\mu}$$

となります．この式は，実験で半価層 x_h を求めれば μ を計算できます．また，逆に μ がわかれば半価層 x_h を求められる重要な式なので，よく覚えておいてください．

試験に出題される計算問題では，半価層が与えられるか，半価層を容易に求められることが多いので，減弱係数 μ の代わりに半価層 x_h を用いて表す減弱の式を誘導してみます．減弱係数 μ と半価層 x_h の関係式,

$$\mu = \frac{\log_e 2}{x_h}$$

で得られる μ を先に示した減弱の式（前ページ）に代入します．

$$\frac{I}{I_0} = e^{-\frac{\log_e 2}{x_h} x}$$

両辺の対数をとります．

$$\log_e \frac{I}{I_0} = \log_e e^{-\frac{\log_e 2}{x_h}x} = -\frac{\log_e 2}{x_h} x \times \log_e e = -\frac{x}{x_h}\log_e 2 = \log_e 2^{-\frac{x}{x_h}}$$

したがって，次式が得られます．

$$\frac{I}{I_0} = 2^{-\frac{x}{x_h}} = \left(\frac{1}{2}\right)^{\frac{x}{x_h}}$$

半価層がわかっている場合は，この式を用いたほうが対数を用いずに簡単に解けることがあります．そのような問題が比較的多く出題されていますので，先に示した減弱の式とともに覚えておくと便利です．

半価層と減弱係数との関係を表す式について述べましたが，半価層（1/2 価層）と同様に，$I/I_0 = 1/3$ となるときの物質（吸収体）の厚さを 1/3 価層，1/4 になるときの厚さを 1/4 価層，……，$1/n$ になるときの厚さを $1/n$ 価層といいます．減弱係数 μ との関係は，先に示した半価層と同様の計算過程を経て，一般式として次のように表すことができます．

$$\frac{1}{n}価層 = \frac{\log_e n}{\mu} = \frac{\log_e n}{\log_e 2} \times x_h \ (x_h：半価層)$$

このように，減弱係数または半価層が与えられれば，$1/n$ 価層を求めることができます．したがって，$1/n$ 価層 $x_{1/n}$ を用いると減弱の式は次のようにも表すことができます．

$$\frac{I}{I_0} = \left(\frac{1}{n}\right)^{\frac{x}{x_{1/n}}}$$

⑦ エックス線の吸収と散乱がどのようにして起こるか

エックス線が物質を通過するときは，図 1・7 のような現象が重なり合ってエックス線は減弱します．このような現象をエックス線と物質との**相互作用**といいますが，この相互作用はエックス線の光子と物質の核外の電子との相互作用になります．相互作用は，光電効果，トムソン散乱，コンプトン効果，電子対生成に分類されます．

|光電効果とは| 光電効果は，図 1・8 に示すように，エックス線の光子が原子の原子核に近い電子にエネルギーを与えてこれを原子の外に飛び出させ，光子自らはエネルギーを失って消滅してしまう現象です．この現象を**光電吸収**（真吸

1.1 エックス線の物理

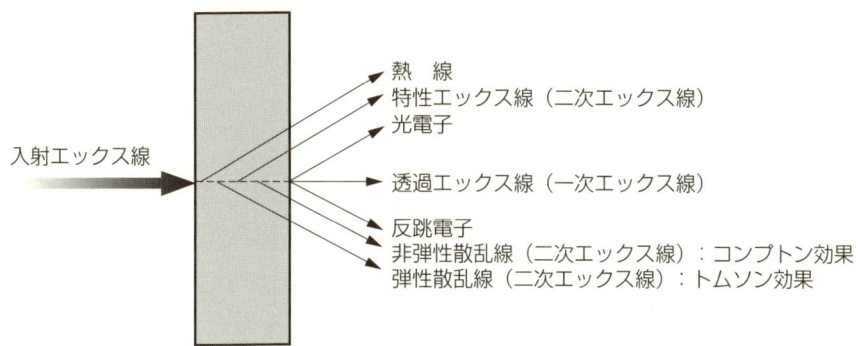

注 1）透過検査に必要なのは直進する透過エックス線のみ
2）二次エックス線（**散乱線**）の影響をできるだけ少なくすることが必要

図1・7　エックス線の透過とそれによって起こる現象

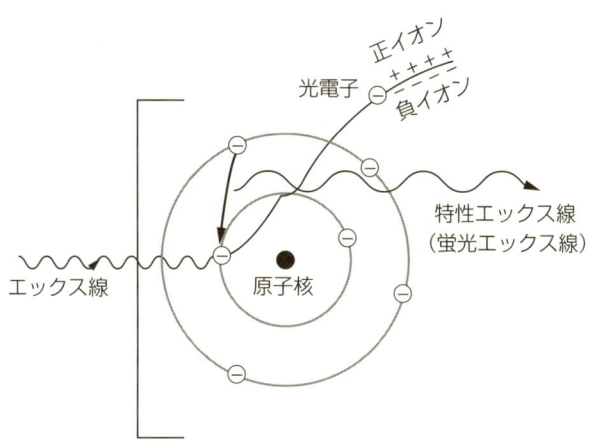

図1・8　光電効果

収）ともいいます．これによって放出される電子を**光電子**といい，光電子が飛び出すと電子殻（軌道）に孔ができるので，これを埋めるために外側の殻の軌道電子が移動してきて，一定のエネルギーをもった特性エックス線が発生します．この特性エックス線は**蛍光エックス線**と呼ばれ，蛍光エックス線分析（17頁参照）に用いられます．特性エックス線のエネルギーは，軌道電子が移動したときの軌道間のエネルギーの差に相当します．特性エックス線は，電子（荷電粒子）を照

1章　エックス線の管理

射することによって発生するばかりでなく，このようにエックス線（電磁波）を照射することでも発生しますが，照射するエックス線のエネルギーは励起電圧に相当する値（およそ 88 keV くらい）より高くないと生じません．逆に，1 MeV くらいに高くなると起こりにくくなります．

|トムソン散乱（レーリー散乱）とは|　図 1・9 に示すように，エックス線の光子が原子と弾性的に衝突して，光子の運動の方向が変わる現象です．このとき，光子は電子にエネルギーを与えないので，エックス線光子のエネルギーも変わりません．トムソン散乱によってはエックス線の線質は変わりません．このような散乱の形態を**弾性散乱**と呼びます．エックス線回折（17頁参照）は，この現象を利用したものです．

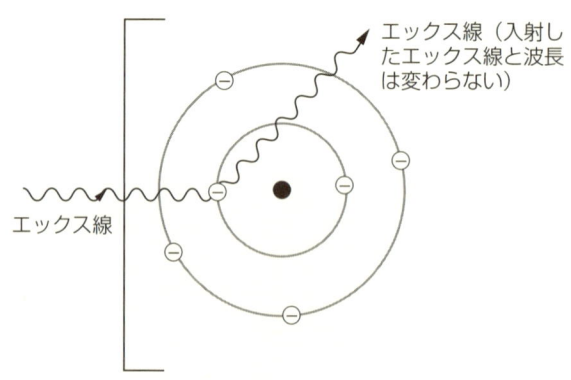

図 1・9　トムソン散乱（弾性散乱）

|コンプトン効果（散乱）とは|　図 1・10 に示すように，エックス線の光子が原子と非弾性的に衝突して，電子を原子の外に飛び出させ，自らは運動の向きを変える現象です．この電子のことを**反跳電子**といいますが，この電子を生み出すためにエネルギーが必要となりますから，その分だけ光子のエネルギーが減少します．このことは，エックス線の波長が長くなることを示しています．このような散乱の形態を**非弾性散乱**と呼びます．およそ 50 keV 以上のエネルギーで起こります．

|電子対生成とは|　この現象は，**1.02 MeV**（電子の質量がエネルギーに置き換わったときの電子 2 個分のエネルギーに相当）よりエネルギーの高いエック

1.1 エックス線の物理

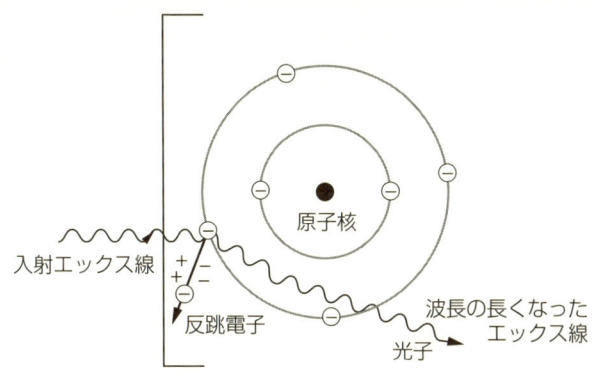

図1・10 コンプトン散乱（非弾性散乱）

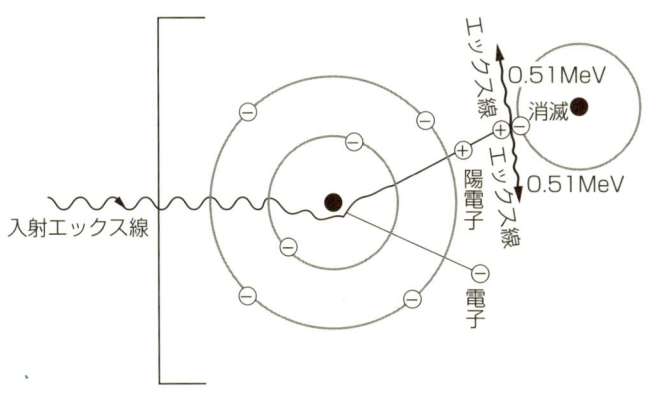

図1・11 電子対生成

ス線の光子が原子核の近くの電場に作用して起こります．図1・11に示すように，エックス線のエネルギーが消滅する代わりに1個の電子と1個の陽電子の対がつくられます．普通の電子は$-e$という電荷をもっていますが，陽電子というのは$+e$，つまり電子の電荷と絶対値は同じで符号が反対の電荷をもつ微粒子です．陽電子の生存期間は極めて短く，周囲の電子と結合し，電磁波（エックス線）を放出して消滅します．この現象は，ベータトロンや線形加速器のような高エネルギーのエックス線装置を使用した場合にみられます．

1章　エックス線の管理

⑧ 減弱係数 μ はどのように表せるか

入射エックス線が物質を透過すると，物質との相互作用でその強さが減ることを前項で示しました．この減り方の程度を表すものとして**減弱係数 μ**（ミュー）があります．減弱係数 μ は，次式に示すように，それぞれの相互作用による減弱係数の和として表されます．

$$\mu = \underset{\underset{\text{光電効果}}{\uparrow}}{\tau} + \underset{\underset{\text{トムソン散乱}}{\uparrow}}{\sigma_T} + \underset{\underset{\text{コンプトン効果}}{\uparrow}}{\sigma_C} + \underset{\underset{\text{電子対生成}}{\uparrow}}{\kappa}$$

また，各相互作用が起きる確率がエックス線のエネルギーに依存するため，各減弱係数の比率は，図 1・12 に示すように，エックス線のエネルギーによって異なります．

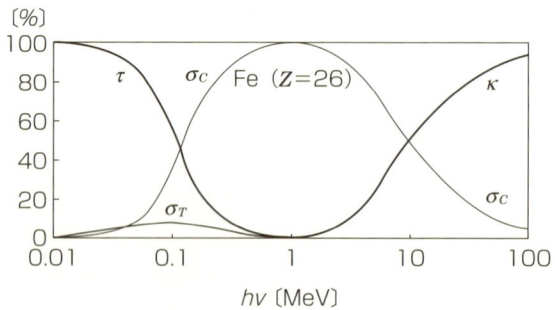

図 1・12　エックス線のエネルギーに対する各減弱係数の比率

⑨ 質量減弱係数

減弱係数 μ，物質の密度 ρ のとき，μ/ρ〔$\mathrm{cm^2/g}$〕を**質量減弱係数**と呼びます．物質固有の値をもち，一定の入射エックス線波長に対して，物質ごとに一定の値をもちます．二つ以上の元素からなる化合物，合金，混合物，溶液などの質量減弱係数は，重量比によって次の計算で求められます．

$$\frac{\mu}{\rho} = W_A \left(\frac{\mu}{\rho}\right)_A + W_B \left(\frac{\mu}{\rho}\right)_B + W_C \left(\frac{\mu}{\rho}\right)_C + \cdots$$

1.1 エックス線の物理

ここで,

W_A : A物質の重量比

$\left(\dfrac{\mu}{\rho}\right)_A$: A物質の質量減弱係数

以下, W_B …, および $\left(\dfrac{\mu}{\rho}\right)_B$ …, についても同様.

⑩ 散乱線の空気カーマ率

図1・13に示すように, 透過線が進む方向を0°とし, 散乱線の進む角度を**散乱角**といいます. 散乱線のうち, 散乱角が90°未満のものを**前方散乱線**, また, 散乱角が90°以上のものを**後方散乱線**といいます.

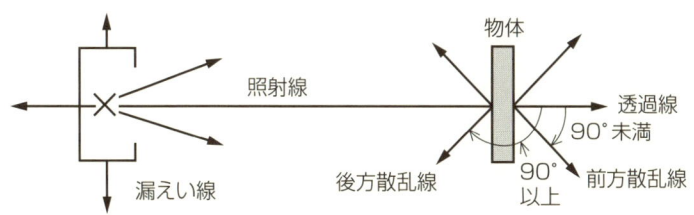

図1・13　前方散乱線と後方散乱線

空気カーマについては, 59頁で述べますが, この章ではエックス線の線量または強さと解釈して読み進んで下さい.

[前方散乱線]　図1・14に示すように, 前方散乱線は**方向依存性**が大きく, 空気カーマ率は散乱角が増加すると急激に減少します. また, 空気カーマ率は, 管電圧や散乱体の厚さによっても変化し, 管電圧の増加によって急激に増加し（図1・15）, 散乱体の厚さの増加に伴って急激に減少します（図1・16）.

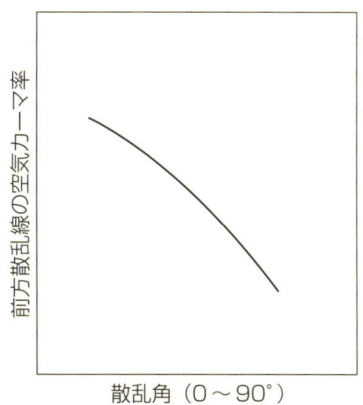

図1・14　前方散乱線の空気カーマ率の方向依存性

1章　エックス線の管理

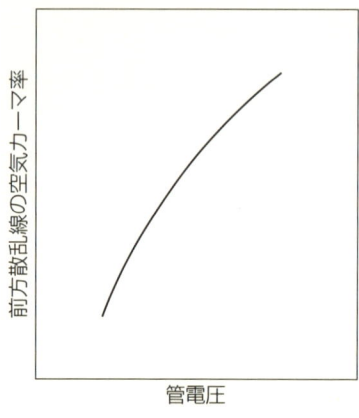

図1・15　管電圧による前方散乱線の
　　　　空気カーマ率の変化

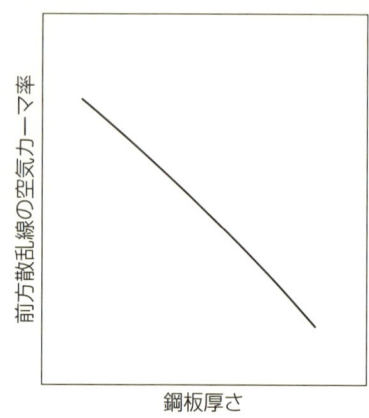

図1・16　鋼板厚さによる前方散乱線の
　　　　空気カーマ率の変化

後方散乱線　　図1・17に示すように，後方散乱線にも方向依存性があり，空気カーマ率は散乱角にほぼ比例して増加します．空気カーマ率は管電圧の増加によって増加します（図1・18）が，散乱体との関係は，図1・19に示すように，数mmまでの範囲では厚さの増加に伴って増加しますが，それ以上の範囲では，ほぼ一定となります．

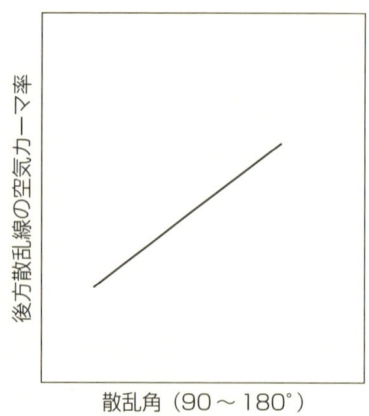

図1・17　後方散乱線の空気カーマ率の
　　　　方向依存性

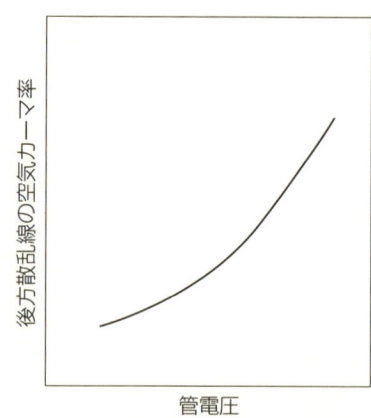

図1・18　管電圧による後方散乱線の
　　　　空気カーマ率の変化

1.1 エックス線の物理

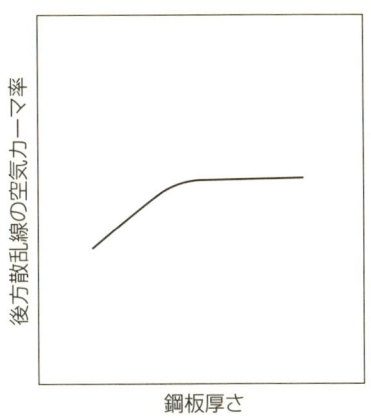

図1・19 鋼板厚さによる後方散乱線の空気カーマ率の変化

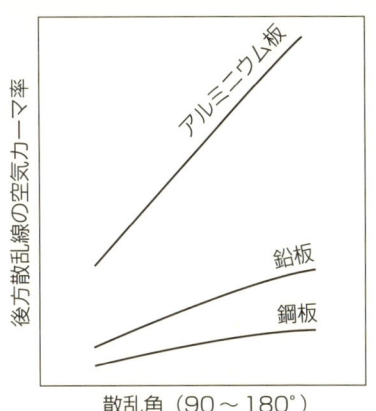

図1・20 異なる散乱体の散乱角による後方散乱線の空気カーマの変化

図1・20にアルミニウム，鉛および鋼の散乱角による空気カーマ率の変化を示します．材質によって異なった傾向がみられ，特に，アルミニウムの散乱線の発生が大きく，また，方向依存性が大きいことがわかります．

⑪ エックス線の工業上の応用

工業用エックス線装置は特有の性質を利用して各種の検査などに応用されています．

エックス線透過試験装置　エックス線が物質を透過する性質を利用して内部欠陥，厚さ，内部構造などを調べるもので，エックス線フィルムに直接感光させるものと，蛍光増倍管などを利用して透視や間接撮影を行うものがあります．最近では，マイクロフォーカスエックス線装置と呼ばれる拡大透視が可能なものも利用されています．【応用原理：**透過**】

エックス線回折装置　結晶質の物質にエックス線を照射して得られる**回折像**から結晶構造を知ることができます．その物質の物理的，化学的性質を調べるほか，結晶性物質の面間隔の変化から物質中の残留応力を測定する応力測定装置などがあります．【応用原理：**回折**】

蛍光エックス線分析装置　試料にエックス線を照射した際に発生する蛍光エックス線を**分光分析**して，試料の定性，定量分析を行うことができます．【応用

原理：分光】

エックス線マイクロアナライザ　　1 μm 程度の細い線束とした電子線を試料の微小部分に照射し、その部分から発生する特性エックス線を分光分析して微小部分の元素分析を行います。【応用原理：分光】

⑫ 太いエックス線による減弱

　単一波長のエックス線を、スリットを使わずに太い線束として照射した場合には、細い線束の場合と異なり、二次エックス線（散乱線）の影響が大きく作用します。ある点に到達するエックス線の強さ I_T は、直進した透過エックス線の強さを I、散乱によってその点に到達する散乱線の強さを I_S とすると、次式で表されます。

$$I_T = I + I_S = I\left(1 + \frac{I_S}{I}\right) = BI$$

　ここで、B はビルドアップ係数（再生係数）と呼ばれ、一般には B は 1 より大きくなるので吸収係数の指数曲線の勾配はゆるやかになり、細い線束の場合より減弱係数が小さくなります。また、B は吸収体に近いほど大きくなり、また、吸収体の面積、厚さが大きいほど大きくなり、その逆の場合は小さくなります。また、入射エックス線のエネルギーや吸収体の材質によっても変化します。

⑬ 連続エックス線の減弱

　これまでの減弱の説明は単一波長として考えたエックス線の場合の考え方でしたが、連続エックス線の場合には、いろいろな波長が含まれているため、混合した傾向としてとらえる必要があります。

　エックス線の透過率を縦軸に対数目盛で示し、また物体の厚さを横軸に普通目盛で示すと単色エックス線の場合には直線（図1・21）となり、連続エックス線の場合には凹型の曲線（図1・22）となります。

　連続エックス線は種々の波長（エネルギー）のエックス線が含まれていて、波長の長い成分（エネルギーの小さい）ほど吸収されやすく、板厚が増すにつれ、波長の長い成分が早く減弱して無くなり、波長の短い成分（エネルギーの大きい）の割合が多くなり、全体として減弱係数が小さいほうに移行すると考えられま

1.1 エックス線の物理

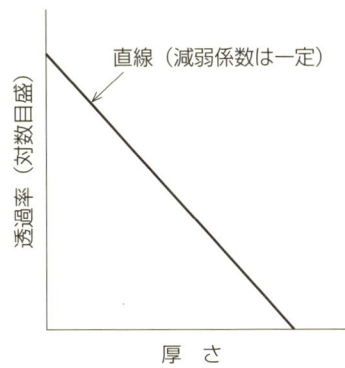

図1・21　単色エックス線の減弱曲線

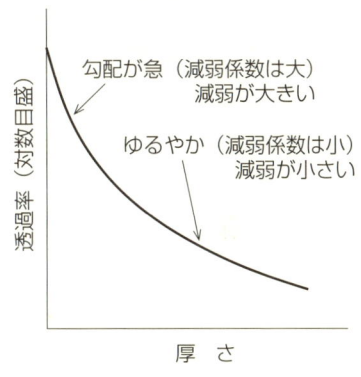

図1・22　連続エックス線の減弱曲線

す．
　このように連続エックス線の線質は一定しておらず物体を通過するにつれて硬くなっていきます．
　連続エックス線の平均エネルギーを示すものとして，単一波長のエネルギーに置き換えたものを**実効エネルギー**と呼びます．この実効エネルギーは板厚が増加すると，減弱係数の減少とは逆に増加します．

例題1　次の文章は，原子について述べたものである．（　）に入る文字を選びなさい．
　電子は（　A　）の電荷を帯び，陽子は（　B　）の電荷を帯びているがその絶対値は等しい．その値を，通常（　C　）という記号で示す．
　A：①正　②負，　B：①正　②負，　C：①e　②g

解答　A：②，　B：①，　C：①
解説　電子は負電荷を，陽子は正電荷を帯びていて，eの記号で表します．

例題2　次の文章は，電子について述べたものである．（　）に入る語句または数値を選びなさい．
　電子は（　A　）を中心としたいくつかの殻の上で（　B　）に沿った運動をして

1章 エックス線の管理

おり，それぞれの殻にエネルギー準位が対応している．このような電子殻を（ C ）に近いほうから順にK, L, M, N, … 殻と呼ぶ．一つの殻に分布する電子の数には制限があり，K殻には（ D ）個，L殻には（ E ）個，M殻には18個，N殻には32個である．
　A：①陽子　②原子核，　B：①軌道　②直線，　C：①陽子　②原子核，
　D：①2　②3　③5　④8，　E：①2　②3　③5　④8

解答 A：②，　B：①，　C：②，　D：①，　E：④
解説 電子は原子核を中心とした軌道に沿って運動し，原子核に近いほうから順にK, L, M, N, … と呼び，エネルギー準位もこれに対応して大きくなっていきます．また，それぞれに入りうる電子の数は，原子核から近いほうの殻からの番号をnとすると，それぞれに入りうる電子の最大数は$2 \times n^2$で求められます．例えば，M殻は$n=3$ですから，$2 \times 3^2 = 18$となります．

例題3 次の文章は，原子について述べたものである．（　）に入る語句または文字を選びなさい．
　すべての原子において核内の（ A ）の数と核外の（ B ）の数は等しいが，この数を（ C ）といい，（ D ）という記号で表す．
　A：①電子　②陽子，　　　B：①電子　②陽子，
　C：①原子番号　②質量数，　D：①N　②Z

解答 A：②，　B：①，　C：①，　D：②
解説 原子核内の陽子の数と核外の電子の数は同じで，電気的につりあっています．この数を原子番号といい，Zで表します．

例題4 次の文章は，原子について述べたものである．（　）に入る語句または数値を選びなさい．
　（ A ）は陽子とほとんど等しい質量をもつが，（ B ）は陽子の（ C ）ぐらいの質量しかない．したがって，原子の質量はほとんど（ D ）の質量で決まる．
　A：①電子　②中性子，　　B：①電子　②中性子，
　C：①1/1 600　②1/1 800，　D：①原子核　②中性子

1.1 エックス線の物理

解答 A：②，B：①，C：②，D：①

解説 原子核内の中性子は，陽子とほとんど等しい質量をもっています．また，電子の質量は陽子の1/1840くらいと，陽子と比較すると大変小さなものです．原子核は陽子と中性子からできていますから，原子の質量はほとんど原子核の質量と同じになります．

例題 5 次の文章は，エックス線について述べたものである．（ ）に入る語句を選びなさい．
　（ A ）スペクトルをもつ（ B ）エックス線は，高速度で運動する（ C ）が（ D ）に衝突し，急に減速されることによって発生する．
　特性エックス線を発生させるのに必要な励起電圧は，安定状態にある（ E ）を外部にたたき出すのに必要なエネルギーに相当する．
　①陽子　②中性子　③電子　④陽極　⑤陰極　⑥連続　⑦断続　⑧単色

解答 A：⑥，B：⑥，C：③，D：④，E：③

解説 連続エックス線というのは，連続スペクトルを示すエックス線で，高速度で運動する電子が陽極に衝突して急に減速されることによって発生するもので，制動エックス線，白色エックス線ともいいます．
　特性エックス線は，ターゲットの金属の原子そのものに発生の原因があり，発生させるのに必要な励起電圧は，安定状態にある電子を外部にたたき出すのに必要なエネルギーに相当します．

例題 6 次の文章は，エックス線装置についての一般的な原則について述べたものである．（ ）に入る語句を選びなさい．
　(1) 管電圧を上昇させるとエックス線の最短波長は（ A ）．
　(2) 管電流が増加するとエックス線量は（ B ）．
　(3) 管電圧が増加するとエックス線量は（ C ）．
　(4) 管電圧を10％増し，管電流を10％減じたとき，エックス線量は（ D ）．
　(5) 管電流を増加させるとエックス線の最短波長は（ E ）．
　①増加する　②減少する　③長くなる　④短くなる　⑤変わらない

1章　エックス線の管理

解答　A：④，　B：①，　C：①，　D：①，　E：⑤

解説　管電圧を上昇させるとエックス線の最短波長は短いほうに移りますが，管電流を増加させてもエックス線の最短波長は変わりません．また，エックス線量は，管電流に比例して増加しますが，管電圧を上昇させると管電圧の2乗に比例して急速に増加します．（5頁①参照）

1.2　エックス線装置の原理

　エックス線を発生させるには，図1・23のように陰極から高速度の電子を放射して，これを陽極の**ターゲット**に衝突させます．このとき，高速度で運動していた電子は運動を止められ，電子のもっている運動のエネルギーの一部が変換されて，ターゲットからエックス線が発生します．

　ここで，エックス線管中の電子を加速する方法で最も多く用いられているのは，変圧器（鉄心変圧器）で高電圧をつくり，この高電圧（**管電圧**）をエックス線管の陽極と陰極との間に加える鉄心変圧器方式です．この方式で得られる高電圧は絶縁物の絶縁耐力に制限があって，現在ではエックス線管電圧 450 kV までのものがつくられています．

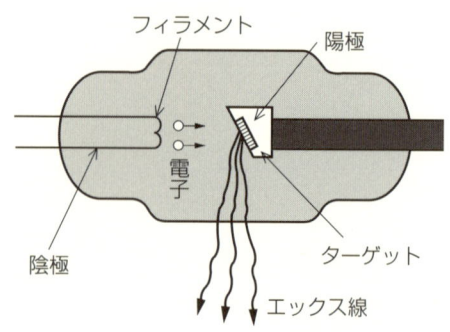

図1・23　エックス線の発生

1.3 エックス線装置の構造

エックス線装置は，図1・24，図1・25に示すようにエックス線発生器，高電圧発生器，制御器，高・低電圧ケーブルなどから構成されています．

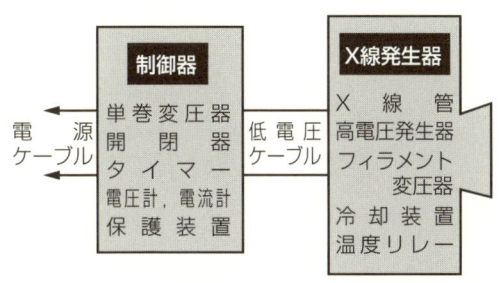

図1・24　一体形（携帯式）エックス線装置の構成

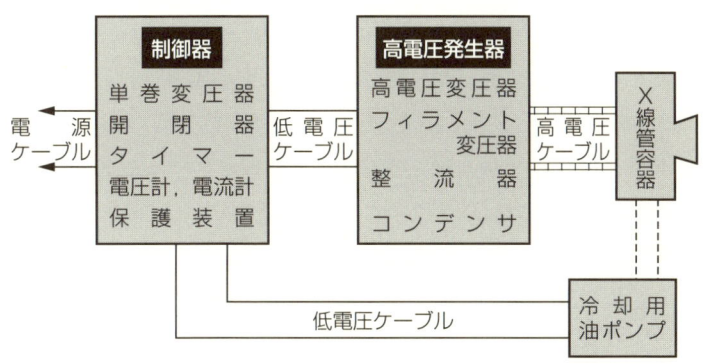

図1・25　分離形（据置式）エックス線装置の構成

① エックス線管球はどのような構造になっているか

エックス線管球は，図1・26に示すように，管体，陰極，陽極，焦点，集束カップ（集束筒）などから成り立っています．

1章 エックス線の管理

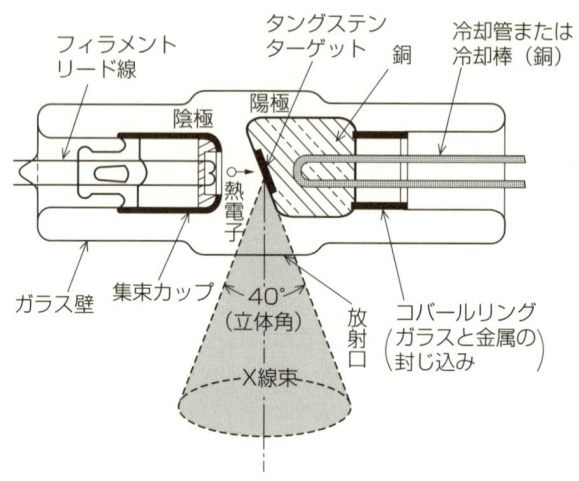

図1・26 エックス線管球の構造

管体　管体の外側は，ガラスまたはセラミックスでつくられていますが，最近では耐久性のあるセラミックスが多く用いられています．管体の内部は電子の運動が自由に行われ，また陰陽両極が酸化されないように，133.3 μPa（10^{-6} mmHg）以上の真空に保たれています．内部には，陰・陽の両電極が封じ込められており，陰極のリード線と陽極の端部はガラス壁またはセラミックス壁を貫通しているので，この部分にはガラスと膨張係数がほとんど等しいコバール合金が用いられています．

陰極　陰極は熱電子を放射するための電極で，白熱電球の**フィラメント**と同じようにタングステンかトリウム入りタングステン線をコイル状に巻いて取り付けてあります．

陽極　陽極は，陰極からの熱電子を加速して吸引し，衝突させてエックス線を発生するための電極です．このとき，熱電子のもっている運動エネルギーの大部分は熱となり，エックス線となって放射されるのはほんの0.5～数％となります．このために，陽極は冷却管または，熱のよく伝わる銅を用いて熱を外部に放出し，絶えず冷却する必要があります．また，集束した熱電子の衝突を受けるターゲットは，融点が高く，エックス線の発生の効率が高い原子番号の大きいタングステンがその材料として用いられます．

1.3 エックス線装置の構造

　陽極に取りつけられたターゲットは管軸と垂直な方向に対して約20°傾斜しているので，エックス線束は立体角で約40°の広がりをもっています．

　陽極から陰極に流れるエックス線**管電流**は，フィラメントの加熱電流によって定まる熱電子に制限され，フィラメントの加熱電流を増加すれば，エックス線管電流は増加します．このことからフィラメントの加熱電流を調節することにより，その温度が変化し，それによって放射される熱電子の数を変化させることができます．

　エックス線管の管電圧と管電流との間には，図1・27に示すような関係があります．管電圧の低いところでは，管電圧とともに管電流が増しますが（空間電荷領域），ある一定の加熱電流 I_{f1}, I_{f2} などにおけるフィラメントからの熱電子流には限度があるので，管電圧が高くなってもほとんど一定の飽和値（飽和電流域）をとるようになります．このため，エックス線管は高電圧で使用することによって飽和電流域で動作し，管電流の調節はフィラメント電流の変化によって行うため，管電圧と管電流は，それぞれ独立して選ぶことになります．ただし，多くの一体形の装置では，管電流は3～5mAに固定されています．

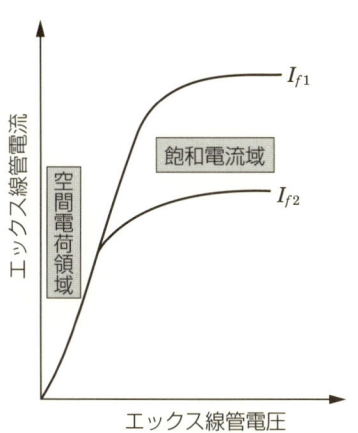

空間電荷領域：管電圧が増せば管電流も増す区域
飽和電流域：管電圧が増しても管電流は一定になる区域

図1・27　エックス線管の電流と電圧

1章　エックス線の管理

焦　点　　図1・28に示すように，熱電子がターゲットに衝突してエックス線が発生する場所を**焦点**といいます．その大きさを**実焦点**といいます．また，透過撮影での写真フィルム側から見たときの焦点の大きさを**実効焦点**といい，見る角度によって形状，大きさは異なります．また，実効焦点の大きさは管電流や管電圧が変わっても変化します．焦点の大きさを表すには，管軸に垂直な方向の実効焦点の大きさで示しますが，定格電圧の高いエックス線管ほど大きくなります．通常は1～4mm程度の大きさです．

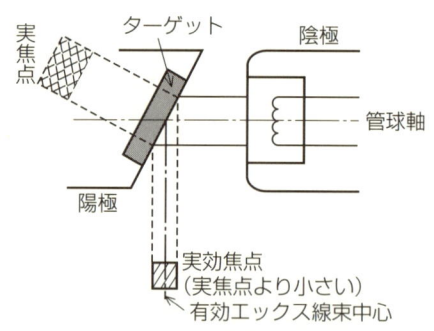

図1・28　実焦点と実効焦点

集束カップ（集束筒）　　集束カップは，クロム鋼などでつくられた金属製の円筒で，陰極にかぶせ，その中心軸をエックス線管の中心軸と一致させてあります．これによって，熱電子が広がるのを抑え，ターゲットに集中して衝突させるようにしています．

② 高電圧発生器はどのようにしてつくられているか

　高電圧発生器は，エックス線管に電力を供給してエックス線を発生させる装置です．分離形（据置式）の装置では独立していますが，一体形（携帯式）では高電圧発生部がエックス線発生器の中にエックス線管と一緒に入っています．

高電圧変圧器　　エックス線管電圧を発生するために，電源電圧を上げる変圧器（昇圧変圧器）です．一次側に200Vまたは100Vの電源電圧を加えたときに，二次側にその装置の定格管電圧が発生するような巻線比につくられています．普通は，二次側巻線を2分割してあり，それぞれが定格管電圧の半分ずつを分

1.3 エックス線装置の構造

担するようになっています．

>フィラメント変圧器　フィラメント変圧器は，エックス線管または整流管のフィラメント（陰極）を点灯するために電源電圧を 10 V くらいに下げるための変圧器（**降圧変圧器**）です．

>整流器　エックス線管の陽極には，交流を整流して直流を加えますが，この整流に用いる素子を整流器といいます．以前はケノトロンと呼ばれる二極真空管が使用されていましたが，最近はセレンやシリコン半導体が多く用いられています．ただし，自己整流方式の装置には用いられません．

>コンデンサ　整流器を用いて交流を直流に整流しても，まだある程度の交流成分を含んでいます．コンデンサは，これを平滑にする働きをします．整流器とコンデンサを適切に組み合わせた回路にすると，高電圧変圧器の二次電圧の数倍の直流電圧が得られます．

③ エックス線装置の電気回路

　フィラメント回路と高電圧回路は，エックス線管を作動させるための基本回路ですが，制御回路としては，逆電圧低減回路，管電圧波高値測定回路，管電流測定回路，温度リレー回路，タイマー回路などがあります．

>フィラメント回路　フィラメント回路は，エックス線管のフィラメントを点灯する回路です．管電流を調整するには，フィラメント変圧器の一次側巻線と直列に接続した可変抵抗器によって，フィラメントに流れる電流を加減します．

>高電圧回路　高電圧変圧器を用いてエックス線管の陽極に高電圧をかける回路です．高電圧回路には整流方式の違いによって，①自己整流方式，②半波整流方式，③全波整流方式に分類されます．一般に，①および②は一体形装置に用いられ，③は分離形装置に用いられます．

　① **自己整流方式**　エックス線管は二極真空管なので，もともと整流作用がありますから，図 1・29 に示すように，陽極に正の高電圧が加わる交流の半周期だけ管電流が流れ，この間だけエックス線が発生します．図 1・30 に示すように，変圧器の二次側を二つに分けて巻き，その間に管電流計を入れて直列に接続し，電流計の一方の端をアースに接続します．

　最近の装置には，図 1・30 に示すように，逆電圧が加わって，陽極の加熱

1章　エックス線の管理

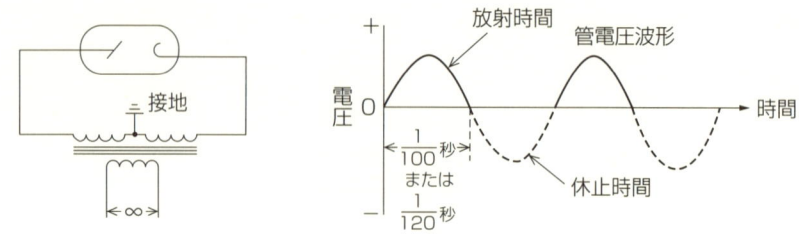

図1・29　自己整流方式の高電圧回路

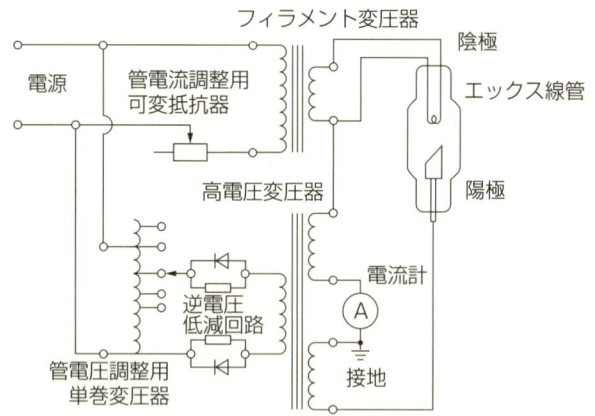

図1・30　一体形装置の回路（自己整流方式）

によって発生した熱電子がフィラメントに衝突して（電流が逆流して）生ずる損傷を抑えるために逆電圧低減回路が設けられています．

② **半波整流方式**　自己整流方式のエックス線管に加わる逆電圧を軽減するために，図1・31のように，高電圧変圧器の二次側に整流器を用いて整流する方式です．エックス線管の陽極が正になる交流の半周期だけ，整流器を通じて電流が流れます．

通常，管電圧半分ずつを分担する二つの半波整流回路をつくり，高電圧発生器を二つに分けて可搬式とします．主として 200 kV 以下の装置に用いられます．

③ **全波整流方式**　図1・32に示すように，2～3個の整流器とコンデンサを組み合わせて，交流の全周期を整流する方式です．この方式には，いくつか

1.3 エックス線装置の構造

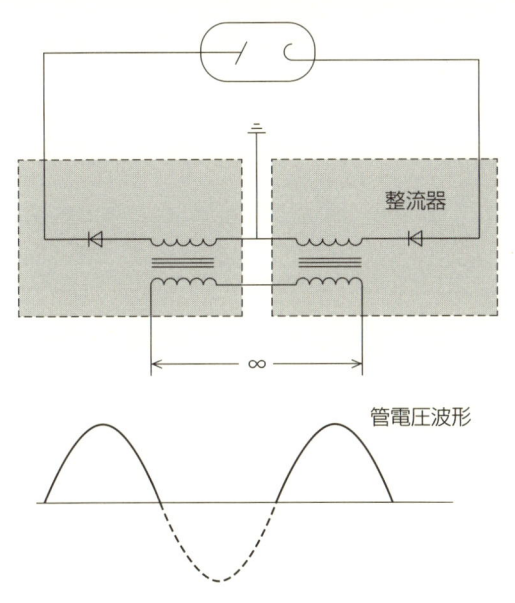

図1・31 半波整流方式の高電圧回路

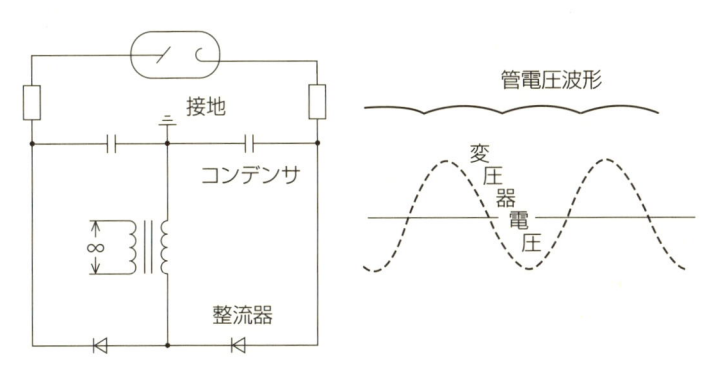

図1・32 全波整流方式の高電圧回路（グライナッヘル結線方式）

の結線方式がありますが，電圧の脈動が小さく，管電圧も高くなります．

逆電圧低減回路　自己整流回路では，変圧器の鉄心が偏磁化されるため，管電流の流れていない半周期に鉄心に残留している磁気エネルギーの影響により，エックス線管に加わる逆電圧が非常に上昇することがあります．これを防ぐために，抵抗器とセレン整流器を高電圧変圧器の一次側に接続した回路をいいます．

1章　エックス線の管理

管電圧波高値測定回路　エックス線の線質を表す方法として，一般に管電圧波高値が用いられています．そのための測定回路で，高電圧変圧器の二次側に電圧計を挿入して電圧の波高値を読み取るようになっています（通常の一体形の装置には設けられていません）．

管電流測定回路　管電流の測定には高電圧変圧器二次側に接続した電流計（ミリアンペア計）によって読み取るようになっています（通常の一体形の装置には設けられていません）．

温度リレー回路　エックス線装置ではエックス線管を常に冷却しなければなりませんが，長時間の使用によって装置の温度が上昇してくるので，安全な温度以下で使用するよう，一定温度以上になった場合に自動的にエックス線管の動作を停止する安全装置が必要です．このための回路が温度リレー回路です．

タイマー回路　エックス線の照射時間が終了すると自動的にエックス線の発生を停止する回路で，高電圧変圧器の一次側回路を電磁開閉器（マグネットスイッチ）で開閉します．

④ ケーブル

エックス線装置に用いられているケーブルは，分離形では**電源ケーブル，低電圧ケーブル，高電圧ケーブル**，一体形では電源ケーブル，低電圧ケーブルです．

⑤ 制御器

制御器は電源を受け入れ，エックス線発生器または高電圧発生器に必要な電力を供給する部分です．そして，エックス線管電圧，電流の調整，その他，エックス線の発生に必要なものすべての制御をします．

⑥ エックス線管容器

エックス線管容器は，エックス線管を入れ，これを保護するとともに必要な方向だけにエックス線を放射するためのものです．分離形では独立しています（図1・33）が，一体形ではエックス線発生装置がこれにあたります（図1・34）．

放射口　放射口は，エックス線が放射される出口です．JIS Z 4606：2007 規格ではその大きさを，エックス線管の焦点から60 cmの距離におけるエック

1.3 エックス線装置の構造

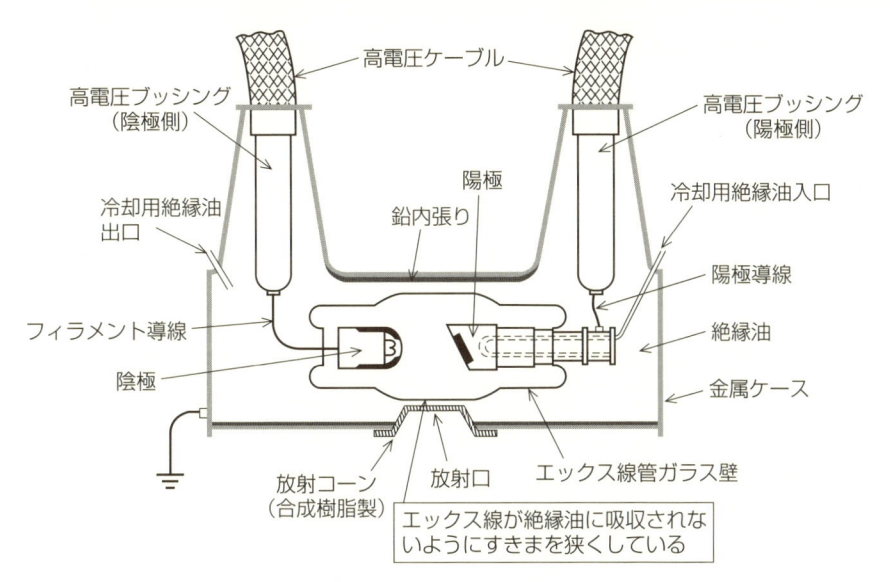

図 1・33　分離形エックス線管容器の構造

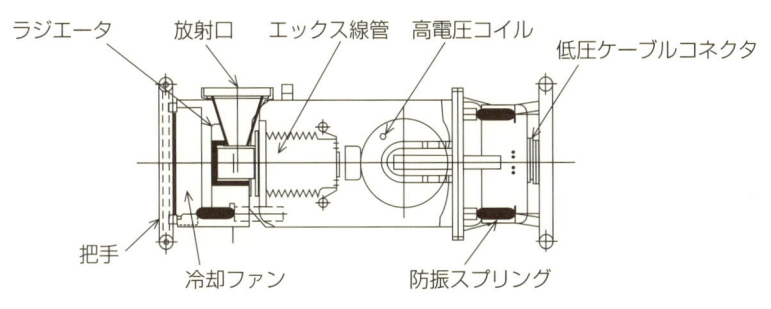

図 1・34　一体形エックス線管容器の構造（セラミックス製エックス線管）

ス線照射野の直径を照射野寸法として表示することになっており，照射野寸法公称値に対して±15％以内に収まるように定めています．

エックス線の遮へい　　放射口を除いては，エックス線が規定値を超えて漏れないことが必要です．エックス線装置は，定格出力において放射口を規格で定める鉛当量のもので覆ったときに，焦点から1mの距離における利用線錐以外の部分の空気カーマ率が，200 kV 未満の装置に対しては 2.6 mGy/h 以下，200 kV 以上の装置に対しては 4.3 mGy/h 以下と定めています．

1章　エックス線の管理

高電圧ケーブル接続部　　図1・33に示されているように，分離形でのエックス線管容器の外側は金属製なので，電撃防止のために接地（アース）が施されています．そこで，エックス線管容器の外壁と高電圧ケーブルの中心導体との絶縁には**高電圧ブッシング**が用いられています．

絶縁油潤滑系　　分離形のエックス線管容器では，ホースでエックス線管冷却器と連結しており，エックス線管を冷却するための絶縁油を強制循環しています．

⑦ 附属品

照射筒　　照射筒は，エックス線装置の放射口に取り付けるラッパ状の遮へい物で，エックス線束を必要以上に広げないようにするために使用するものです．

絞り　　絞りは，遮へい板に必要な範囲だけの開口部をつくり，放射口に取り付けて使用します．

ろ過板　　ろ過板はフィルタともいい，エックス線束の軟成分を除去するもので，ベリリウム，アルミニウム，鋼，鉛，銅などの薄い金属板を放射口に取り付けて用います．

⑧ エックス線装置構造規格

厚生労働省告示で，構造に関して次のように定められています．

---

① 厚生労働安全衛生法施行令（昭和47年政令第318号）第13条第33号に掲げるエックス線装置（以下「エックス線装置」という）のうち，医療用のもののエックス線管は，利用線錐以外の部分のエックス線の自由空気中の空気カーマ率（以下「空気カーマ率」という）が，表1・2の左欄に掲げるエックス線装置の区分に応じ，それぞれ同表の中欄に掲げる地点において，それぞれ同表の右欄に掲げる空気カーマ率以下になるように遮へいされているものでなければならない．

② 医療用以外（以下「工業用等」という）のエックス線装置のエックス線管は，その焦点から1mの距離における利用線錐以外の部分のエックス線の空気カーマ率が，表1・3の左欄に掲げるエックス線装置の区分に応

1.3　エックス線装置の構造

表1・2

エックス線装置の区分	地　点	空気カーマ率
治療に使用するエックス線装置で波高値による定格管電圧が50kV以下のもの	エックス線装置の接触可能表面から5cm	1.0 mGy/h
治療に使用するエックス線装置で波高値による定格管電圧が50kVを超えるもの	エックス線管の焦点から1m	10 mGy/h
	エックス線装置の接触可能表面から5cm	300 mGy/h
口内法撮影に使用するエックス線装置で波高値による定格管電圧が125kV以下のもの	エックス線管の焦点から1m	250 μGy/h
その他のエックス線装置	エックス線管の焦点から1m	1.0 mGy/h

表1・3

エックス線装置の区分	空気カーマ率
波高値による定格管電圧が200kV未満のエックス線装置	2.6 mGy/h
波高値による定格管電圧が200kV以上のエックス線装置	4.3 mGy/h

じ，それぞれ同表の右欄に掲げる空気カーマ率以下になるように遮へいされているものでなければならない．

③　①，②に掲げた事項によるほか，コンデンサ式高電圧装置を有するエックス線装置のエックス線管は，コンデンサ式高電圧装置の充電状態であって，照射時以外のとき，エックス線装置の接触可能表面から5cmの距離におけるエックス線の空気カーマ率が20μGy/h（マイクログレイ毎時）以下になるように遮へいされているものでなければならない．

（①～③告示第1条関係）

④　エックス線装置は，照射筒，しぼり及び濾過板を取り付けることができる構造のものでなければならない．

⑤　医療用のエックス線装置に取り付ける照射筒又はしぼりは，照射筒壁又はしぼりを透過したエックス線の空気カーマ率が表1・2の左欄に掲げるエックス線装置の区分に応じ，それぞれ同表の中欄に掲げる地点において，それぞれ同表の右欄に掲げる空気カーマ率以下になるものでなければならない．

　　また，工業用等のエックス線装置に取り付ける照射筒又はしぼりは，照

射筒壁又はしぼりを透過したエックス線の空気カーマ率が，エックス線管の焦点から1mの距離において，表1・3の左欄に掲げるエックス線装置の区分に応じ，それぞれ同表の右欄に掲げる空気カーマ率以下になるものでなければならない．

(④，⑤告示第2，3条関係)

⑥　エックス線装置は見やすい箇所に，定格出力，型式，製造者名及び製造年月日が表示されていなければならない．

(⑥告示第4条関係)

1.4　エックス線装置の取扱い

① エックス線装置の結線

電源容量は十分か　　エックス線装置を設置するときには，その装置の定格の容量に合った電圧〔V〕，周波数〔Hz〕，容量〔kVA〕の電源を用います．また，使用する電線も許容電流が十分なものを用い，確実に接続しておきます．

装置の結線はどのようにして行うか　　電撃事故を防止するうえから，接地線は電源を接続する前に結線することが必要です．

【分離形装置の結線は】
　① エックス線管容器～高電圧発生器（高電圧ケーブル）
　② 高電圧発生器～制御器（低電圧ケーブル）
　③ 制御器～接地（接地線）
　④ 冷却系統（電源ケーブル，油ホース，水ホースなど）
　⑤ 制御器～電源（電源ケーブル）

【一体形装置の結線は】
　① 制御器～接地（接地線）
　② エックス線発生器～制御器（低電圧ケーブル）
　③ 制御器～電源（電源ケーブル）

それぞれの順で結線し，使い終わったら逆の順で外していきます．

1.4 エックス線装置の取扱い

② 制御器の操作

　制御器は，前述の順序で正しく結線されていることをもう一度確かめてから，説明書の順序に従って操作します．長時間使用しなかった場合はもちろんですが，毎日，まず，最初にエックス線管の**エージング**（コラム参照）を行います．最近の一体形の装置には自動エージング機能が備わっており，必要な場合，そのときの状況に応じて自動的にモードが設定されエージングが行われます．なお，エックス線の放射が終了してもすぐに電源を切らないで，冷却器をしばらく動作しておくようにします．

> **♠コラム♠　エージングとは**
>
> 　エックス線管は長い期間使用しないでいると，真空度が多少低下していますので，次に使用するときに急激に高電圧をかけると放電を起こし，エックス線管が切れてしまいます．そこで，使用する際にはエックス線管電流を流しながら低い電圧から徐々に管電圧を上げてゆき，最高電圧にします．途中で管電流の値が不安定になったら，少し管電圧を下げ，安定してからまた上げてゆきます．この操作をエージングまたはシーズニングといいます．

③ 使用上の注意

① 運搬および使用中に移動する場合には衝撃を与えないようにします．
② 電源ケーブル，高・低電圧ケーブルの導通と絶縁が良好であるように注意します．
③ 制御器の接地端子を確実に接地し，特にビスのゆるみなどに注意します．
④ 電源と電源ケーブルとの接続は確実に行います．
⑤ 電源電圧が定格値であることを常に確かめます．
⑥ 管電圧計，管電流計を常に監視し，異常があったら直ちに使用を中止し故障の原因を調べます．
⑦ 長時間使用しなかった装置は，使用前には必ずエックス線管をエージングします．
⑧ 温度リレーが作動したら，使用を中止し，冷却装置だけは動作させて装置

の冷却を続けます．
⑨ 電源ヒューズが切断したら，故障の原因を確かめて修理し，定格以上の容量のヒューズを入れてはいけません．
⑩ 操作は，管理区域，立入禁止区域などをよく守って安全な場所で行います．

④ 点検・修理

点　検　ケーブルの点検は，導通試験，絶縁抵抗試験，耐電圧試験の三つの試験を行います．

制御器の点検は，導通試験，絶縁抵抗試験，動作試験を行います．

エックス線発生器の点検は，導通試験，絶縁抵抗試験，外観検査を行います．外観検査は，ケースの外傷，油漏れの有無，ボルト・ナットのゆるみの有無などを調べます．

修　理　簡単な故障のときは，メーカに依頼しないで修理してもよいのですが，エックス線発生器の内部が故障しているようなときは，勝手に分解しないで専門家に修理してもらうようにします．

例題7　次の文章の（　）の中に入る語句を選びなさい．
　工業用一体形（携帯式）エックス線装置はJIS Z 4606に規定されているように（　A　）を使用せず，（　B　）および高電圧発生部を含む（　C　）と（　D　）とからなり，これらを，（　E　）で接続するようになっている．

①制御器　　　　　②管電圧調整器　　　③管電流調整器
④低電圧ケーブル　⑤高電圧ケーブル　　⑥エックス線管
⑦エックス線発生器　⑧放射口　　　　　⑨タイマー

解答　A：⑤，　B：⑥，　C：⑦，　D：①，　E：④

解説　エックス線装置のJISでは，400 kV（40万V）までその適用範囲にあって，一体形と分離形の2種類が規定されています．
　一体形では，図1・34に示したように移動に便利なように軽量化され，また，

1.4 エックス線装置の取扱い

エックス線管容器と高電圧発生器は電撃などの危険を避けるために同じ容器に入れられています．これをワンタンク型の構造といい，この容器をエックス線発生装置と呼びます．この容器と単巻変圧器，開閉器，タイマーなどを一緒にした制御器を**低電圧ケーブル**で接続しています．

分離形では，図1·33に示したように，エックス線管はエックス線管容器の中に油に浸されており，高電圧発生器との間は防電撃構造の**高電圧ケーブル**で接続されています．制御器と高電圧発生器の間は低電圧ケーブルで接続されています．

例題 8 矢印で示されるエックス線管の部位の名称を下記の解答群から選びなさい．

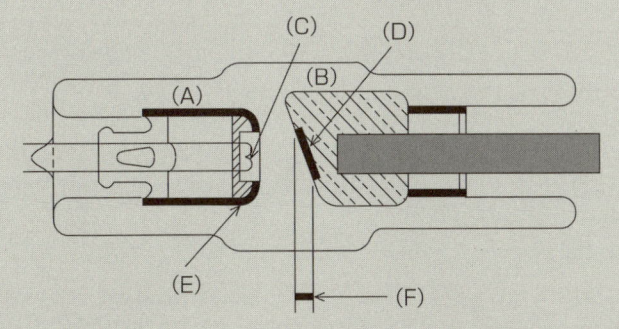

① 実効焦点　② 実焦点　③ 有効焦点　④ 陰極
⑤ 陽極　⑥ ラジエータ　⑦ コバールリング　⑧ フィラメント
⑨ 放射口　⑩ 冷却管　⑪ ターゲット　⑫ 収束カップ

解答　A：④，　B：⑤，　C：⑧，　D：⑪，　E：⑫，　F：①
解説　図1·26および図1·28を参照してください．

例題 9　エックス線管のターゲットにタングステンが選ばれる理由のうち正しいものはどれか．
① 原子番号が大きいこと．
② 破損しにくいこと．
③ 融解点が高いこと．
④ エックス線の発生率が良いこと．

1章　エックス線の管理

⑤　比重が大きいこと．
⑥　加工しやすいこと．

解答　①，③，④

解説　(1)　ターゲットは集束した電子が衝突したとき，エックス線の発生効率は 0.5 ～数％程度で，電子のもっている運動エネルギーの 90 数％以上は熱に変わってしまうので，この熱の発生に耐えられるような高い融点の材料が必要となります．

(2)　電子の衝突によって発生するエックス線の発生率はターゲットに用いられる元素の原子番号に比例しますから，原子番号の大きい材料が適しているといえます．

　以上の条件を同時に満足する材料として，融点が約 3 400 ℃，原子番号 74 のタングステンが用いられます．

例題10　次の文章はエックス線管の焦点について述べたものである．（　）の中に入る語句または数値を選びなさい．

　実効焦点の大きさは，エックス線管電圧を高くすると（　A　）なる．
　また，定格管電圧の高いエックス線管ほど（　B　）のが普通で，通常は（　C　）mm 程度である．
　また，複焦点のうち大焦点は（　D　）を主とする場合に，小焦点は（　E　）に重きをおく場合に用いる．

A：①大きく，②小さく
B：①大きい，②小さい
C：①1～4，②10～20
D：①像の鮮鋭度，②透過力
E：①像の鮮鋭度，②透過力

解答　A：①，B：①，C：①，D：②，E：①

解説　エックス線管でターゲット（陽極）の一部に電子が衝突して，そこからエックス線が発生しますが，この点をエックス線管の焦点または実焦点といいます．また，図1·28 に示したように，管軸に垂直な方向の大きさを**実効焦点**と

1.4 エックス線装置の取扱い

いいます．透過試験では，フィルム側からみた焦点の大きさと形状が透過写真の像質に影響を与えます．

この実効焦点は，エックス線管電圧を高くしてゆくと大きくなります．また，定格管電圧の高いエックス線管ほど大きいのが普通で，一般には1～4mmくらいですが，特別のものでは1mm以下のものもあり，0.1mmまでのものをミニフォーカス，それ以下のものをマイクロフォーカスと呼び，現在，数 μm のものもあります．

複焦点は特殊な焦点のエックス線管で，陰極に大小2組のフィラメントを組み込んだもので，制御器のスイッチを切り換えることによっていずれかのフィラメントを点灯して焦点の大きさを変化させます．大焦点は透過力，小焦点は像の鮮鋭度に重点をおく場合にそれぞれ用いられます．

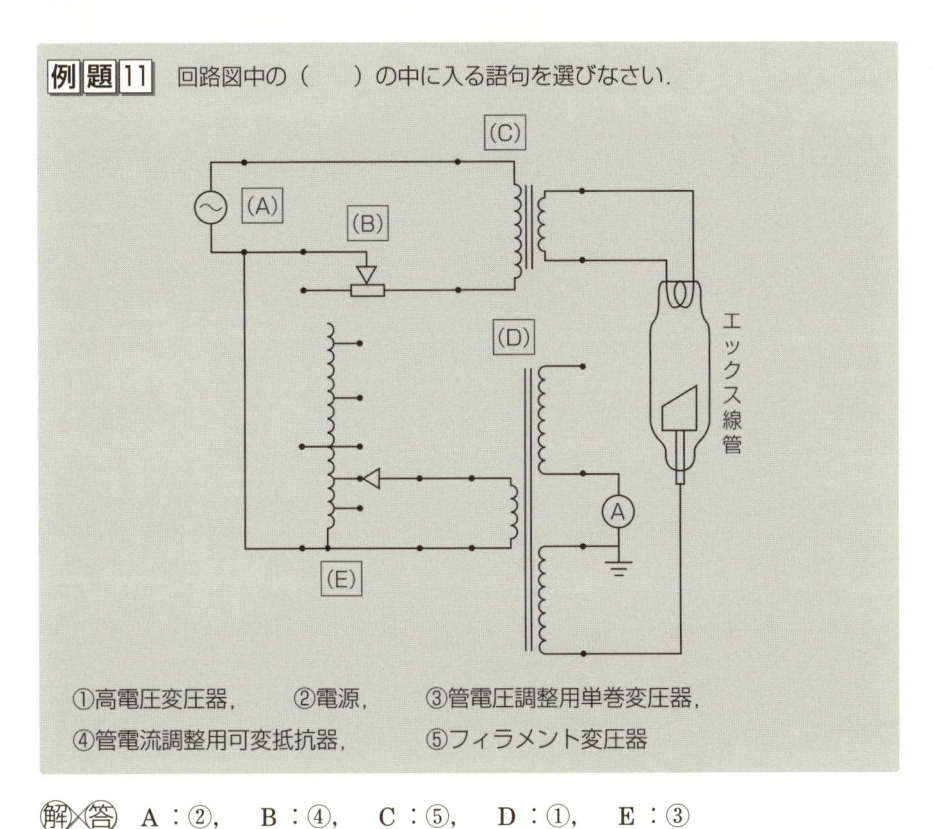

例題 11 回路図中の（　）の中に入る語句を選びなさい．

①高電圧変圧器，　②電源，　③管電圧調整用単巻変圧器，
④管電流調整用可変抵抗器，　⑤フィラメント変圧器

解答 A：②，　B：④，　C：⑤，　D：①，　E：③

1章 エックス線の管理

解説 図1・30 参照

例題 12 アルミニウム（Al）と銅（Cu）の合金について，重量比が，Alが95％，Cuが5％であるとすれば，合金の質量減弱係数は（　）cm²/gとなる．ただし，質量減弱係数は，Alが 0.17 cm²/g，Cuが 0.46 cm²/g とする．

解答 0.18

解説 合金や化合物の質量減弱係数（μ/ρ）は，

$$\mu/\rho = W_A(\mu/\rho)_A + W_B(\mu/\rho)_B$$

ここで，W_A，W_B は元素の重量比です．
上式に数値をあてはめて，

$$0.17 \times \frac{95}{100} + 0.46 \times \frac{5}{100} = 0.1615 + 0.023 ≒ 0.18 \text{ cm}^2/\text{g}$$

例題 13 エックス線管の焦点から5mの地点における線量率が 1.3 mSv/h であったとき，焦点から8mの地点で1週間当りの線量を 0.1 mSv 以下にするためには，1回の露出時間を 100 秒とすると，1週間の撮影枚数は（　）枚まで許される．

解答 7

解説 5mの定点における1枚の撮影当りの線量当量は次式で計算される．

$$1.3 \times \frac{100}{60 \times 60} = 0.036 \text{ mSv} = 36 \text{ μSv/枚}$$

これより，8mの地点における1回当りの線量当量 I は，逆2乗則から次式で計算される．

$$I = 36 \text{ μSv/枚} \times \left(\frac{5 \text{ m}}{8 \text{ m}}\right)^2 = 36 \times \frac{25}{64} = 14.06 \text{ μSv/枚}$$

したがって，0.1 mSv/週（＝100 μSv/週）以下となる撮影枚数 x は次式で計算される．

$$x = \frac{100 \text{ μSv/週}}{14.06 \text{ μSv/枚}} ≒ 7.11 \text{ 枚/週} \Rightarrow 7 \text{ 枚/週（切り捨て）}$$

1.4 エックス線装置の取扱い

例題 14 次の問に答えなさい．

屋外で厚い鋼板の検査をするため，これに垂直にエックス線を照射し，これを透過したエックス線の線量当量率をエックス線管の焦点から 3 m 離れた場所で細い線束として測定したところ，4 mSv/h であった．これを 6 mm の厚さの鋼板で遮へいしたところ，1 mSv/h となった．

(1) この場所を 0.5 mSv/h 以下とするためには全部で（ A ）mm 以上の厚さの鋼板で遮へいする必要がある．
(2) 次に，1 週 4 時間，同様の条件で撮影するとして，この場所を 1 週間当り 1 mSv 以下とするためには全部で（ B ）mm 以上の厚さの鋼板で遮へいする必要がある．
(3) さらに，このように 1 週間当り 1 mSv になるように遮へいした場合に，1 週間当り 0.1 mSv となる地点はエックス線管の焦点から（ C ）m の距離を取る必要がある．ただし，焦点は点と仮定し，空気その他による散乱は無視するものとする．また，$\sqrt{5}=2.24$，$\sqrt{2}=1.41$ とする．

解答 A：9， B：12， C：10

解説 この問題は，半価層を利用して解くと，減弱係数を求めて解くより簡単に求めることができます．

(1) 厚さ 6 mm の鋼板で遮へいしたとき，線量当量率が 4 mSv/h から 1 mSv に減少した，すなわち，1/4 に減少したことになりますので，鋼板の 1/4 価層は 6 mm であることがわかります．

また，1/4 価層は，次の式に示されるように，半価層の 2 倍の厚さであることから，半価層は 3 mm であることがわかります．

$$\frac{1}{4} 価層 = \frac{\log_e 4}{\mu} = \frac{\log_e 2^2}{\mu} = 2 \times \frac{\log_e 2}{\mu} = 2 \times 半価層$$

次に，4 mSv/h が 0.5 mSv/h になるとき，線量当量率は 1/8 になることから，そのとき遮へいに用いた鋼板の厚さは 1/8 価層となります．1/8 価層は，次の式に示されるように，半価層の 3 倍の厚さであることから，1/8 価層は 9 mm であることがわかります．

$$\frac{1}{8} 価層 = \frac{\log_e 8}{\mu} = \frac{\log_e 2^3}{\mu} = 3 \times \frac{\log_e 2}{\mu} = 3 \times 半価層$$

1章　エックス線の管理

したがって，（ A ）の答は 9 となります．

(2) 4 時間撮影したときの線量当量は，4 mSv/h × 4h = 16 mSv となります．16 mSv を 1 mSv とするとき，線量当量率は 1/16 になることから，そのとき遮へいに用いた鋼板の厚さは 1/16 価層となり，半価層の 4 倍の厚さ，すなわち 12 mm となります．

したがって，（ B ）の答は 12 となります．

(3) 求める距離を x m とします．距離の逆 2 乗則から次式が成り立ちます．

$$\left(\frac{x\,\mathrm{m}}{3\,\mathrm{m}}\right)^2 = \frac{1\,\mathrm{mSv}}{0.1\,\mathrm{mSv}} = 10$$

$$\therefore\quad x = 3 \times \sqrt{10} = 3 \times \sqrt{5} \times \sqrt{2} = 3 \times 2.24 \times 1.14 \fallingdotseq 10\,\mathrm{m}\ (切り上げ)$$

したがって，（ C ）の答は 10 となります．

このように，半価層の意味を理解していると，面倒な計算を用いることなく簡単に解ける問題が高い頻度で出題されています．この種の問題が出題された場合には，半価層を用いることができるかどうかを，まず確認してみてください．

1.5 問題演習

出題傾向 ➡ ➡ ➡

「管理」に関する問題では，エックス線の物理，エックス線装置の原理（電気に関する原理を含む），構造および取扱い，エックス線による障害の防止などから出題されます．配点は 100 点満点中の 30 点で，全科目の中で一番ウエイトが重く，特に管理区域を定める問題で逆 2 乗則や減弱係数を用いての計算は試験のたびに出題されており，これができるかどうかが合格に大きく影響しています．

重要事項 ➡ ➡ ➡

● **エックス線の物理**　原子の構造，電子殻の記号と入りうる電子の数，原子番号 Z，質量数 A，中性子数 N の間の $A=Z+N$ の式，エックス線，ガンマ線は電磁波，エックス線の発生，連続エックス線（白色，制動エックス線）の発生，特性エックス線（線スペクトルをもつ）はターゲットの物質の原子番号に関係する．エックス線の管電圧と最短波長との式 λ_{min}〔nm〕$= 1.24/V$〔kV〕，管電圧，管電流と線量の関係，線質の表し方，半価層 $h=\log_e 2/\mu = 0.693/\mu$，エックス線減弱の式 $I/I_0 = e^{-\mu x}$，エックス線の広がりによる減弱の式（逆 2 乗則）$I/I_0 = a^2/b^2$，光電効果，弾性散乱，コンプトン効果，電子対生成．

● **エックス線装置の原理，構造，取扱い**　一体形（携帯式），分離形（据置式）の構成で一体形では高電圧ケーブルを使用しない．エックス線管球の構造と略図，ターゲットの性質，エックス線の基本回路，光電回路の自己整流方式と半波整流方式の略図，エックス線装置の結線の順序．

● **エックス線による障害の防止**　エックス線の線量率を減少させるには，照射筒，絞り，ろ過板，遮へい物，塗料などを用いる．管理区域の設定，立入禁止区域の設定．

問①　エックス線に関する次の記述のうち，正しいものはどれか．
(1) エックス線は，高エネルギーの荷電粒子の流れである．
(2) 制動エックス線は，軌道電子がエネルギー準位の高い軌道から低い軌道へと転移するとき発生する．
(3) 制動エックス線のエネルギー分布は連続スペクトルを示す．
(4) エックス線管の管電圧を高くすると，特性エックス線の波長は短くなる．

1章 エックス線の管理

(5) エックス線管の管電圧を高くしても，特性エックス線の強さは変わらない．

問2 特性エックス線に関する次のAからDまでの記述のうち，正しいものの組合せは (1)〜(5) のうちどれか．
A 特性エックス線を発生させるために必要な管電圧の限界値を励起電圧という．
B 特性エックス線は，線スペクトルを示す．
C 特性エックス線の波長は，管電圧を高めると短くなる．
D 特性エックス線の波長は，ターゲットの元素の原子番号が大きくなると長くなる．
　(1) A, B　　(2) A, C　　(3) A, D　　(4) B, C　　(5) C, D

問3 エックス線と物質との次のAからDまでの相互作用のうち，その作用によって入射エックス線が消滅してしまうものの組合せは (1)〜(5) のうちどれか．
A レーリー散乱　　B 光電効果　　C コンプトン散乱　　D 電子対生成
　(1) A, B　　(2) A, C　　(3) A, D　　(4) B, D　　(5) C, D

問4 エックス線と物質との相互作用による光電効果に関する次の記述のうち，誤っているものはどれか．
(1) 光電効果とは，エックス線光子が軌道電子にエネルギーを与え，電子が原子の外に飛び出し，光子は消滅する現象である．
(2) 光電効果により，原子の外に飛び出す光電子の運動エネルギーは，入射エックス線光子のエネルギーより小さい．
(3) 光電効果が起こると，特性エックス線が二次的に発生する．
(4) 光電効果が発生する確率は，入射エックス線光子のエネルギーが高くなるほど増大する．
(5) 光電効果の発生する確率は，物質の原子番号が大きくなるほど増大する．

問5 単一エネルギーで細い線束のエックス線の減弱における半価層に関する次のAからDまでの記述のうち，正しいものの組合せは (1)〜(5) のうちどれか．
A 半価層は，エックス線のエネルギーが変わっても変化しない．
B 半価層の厚さの5倍が1/10価層の厚さに相当する．
C 硬エックス線は，軟エックス線より半価層の値が大きい．
D 半価層 h 〔cm〕と減弱係数 μ 〔cm^{-1}〕との間には，$\mu h = \log_e 2$ の関係がある．
　(1) A, B　　(2) A, C　　(3) B, C　　(4) B, D　　(5) C, D

1.5 問題演習

問⑥ 次のAからDまでの事項のうち，単一エネルギーで細い線束のエックス線が物体を透過するとき，減弱係数の大きさに影響を与えるものすべての組合せは（1）～（5）のうちどれか．
A 物体の厚さ　　　　　　B 物体を構成する元素の種類
C 入射エックス線の強度　D 入射エックス線のエネルギー
　(1) A, B, C　　(2) A, B, D　　(3) A, C　　(4) B, D　　(5) C, D

問⑦ エックス線の減弱に関する次の文中の（　）内に入れるAおよびBの語句の組合せとして，正しいものは（1）～（5）のうちどれか．
「単一エネルギーのエックス線の細い平行線束が吸収体に垂直に入射する場合，入射した光子数をI_0，厚さxの吸収体を透過する光子数をI，減弱係数をμとすれば，エックス線の減弱は，$I = I_0 \exp(-\mu x)$ によって表される．
　線束が太く，かつ，吸収体が厚いときには，実際の測定値は，この式により計算した値と異なる値を示す．このため，ビルドアップ（再生）係数Bを用いて，式$I = ($　A　$)$により補正する．このとき，Bは1より（　B　）．」

　　　　　A　　　　　　　B
(1) $BI_0 \exp(-\mu x)$　　大きい
(2) $BI_0 \exp(-\mu x)$　　小さい
(3) $BI_0 \exp(-x/\mu)$　　小さい
(4) $I_0 \exp(-Bx/\mu)$　　大きい
(5) $I_0 \exp(-Bx/\mu)$　　小さい

問⑧ エックス線装置の電圧，電流等を次のAからDのように変化させた場合，発生する連続エックス線の最短波長も最高強度を示す波長も変化しないが，エックス線の全強度が大きくなるものの組合せは（1）～（5）のうちどれか．
A 管電流は一定にして，管電圧を2倍にする．
B 管電圧は一定にして，管電流を2倍にする．
C 管電圧を2倍にし，管電流を1/4にする．
D 管電圧及び管電流を一定にして，ターゲットを原子番号の大きな元素にする．
　(1) A, B　　(2) A, C　　(3) B, C　　(4) B, D　　(5) C, D

問⑨ エックス線管から発生する連続エックス線に関する次の記述のうち，正しいものはどれか．
(1) 管電圧が一定の場合，管電流を増加させると，発生するエックス線の最短波長は

1章　エックス線の管理

短くなる．
(2) 管電圧が一定の場合，管電流を増加させても，発生するエックス線の全強度は変わらない．
(3) 管電圧と管電流が一定の場合，ターゲットの元素の原子番号が大きいほど，発生するエックス線の最高強度を示す波長は短くなる．
(4) 管電圧と管電流が一定の場合，ターゲットの元素の原子番号が大きいほど，発生するエックス線の最短波長は短くなる．
(5) 管電圧と管電流が一定の場合，ターゲットの元素の原子番号が大きいほど，発生するエックス線の全強度は大きくなる．

問⑩ エックス線管から発生する連続エックス線の全強度 (I) と，管電流 (i)，管電圧 (V)，ターゲットの元素の原子番号 (Z) との関係を実験的に示した式として，正しいものは次のうちどれか．
ただし，比例定数を k とする．
(1) $I = kiV^2Z$　　(2) $I = kiVZ^2$　　(3) $I = kiVZ$　　(4) $I = ki^2VZ$
(5) $I = ki^2V/Z$

問⑪ エックス線装置を用いて鋼板の透過写真撮影を行うとき，エックス線管の焦点から 4 m の距離にある P 点において，写真撮影中の 1 cm 線量当量率は 0.2 mSv/h であった．
エックス線管の焦点と P 点を結ぶ直線上で焦点から P 点の方向に 18 m の距離にある Q 点を管理区域の境界の外側になるようにすることができる 1 週間当りの撮影枚数として，最大のものは次のうちどれか．
ただし，露出時間は 1 枚の撮影について 150 秒とし，エックス線管の焦点と P 点を結ぶ直線上で P 点の方向にある地点における 1 cm 線量当量率は，焦点からの距離の 2 乗に反比例するものとする．また，3 月は 13 週とする．
(1) 110 枚/週　　(2) 240 枚/週　　(3) 400 枚/週　　(4) 540 枚/週
(5) 590 枚/週

問⑫ エックス線管の焦点から 5 m の距離にある P 点において，写真撮影中の 1 cm 線量当量率は 0.4 mSv/h であった．
露出時間が 1 枚につき 90 秒の写真を週 90 枚撮影するとき，エックス線管の焦点と P 点を通る直線上で焦点から P 点の方向にある Q 点が管理区域の境界線上にあるとき，焦点から Q 点までの距離は次のうちどれか．

1.5 問題演習

ただし，エックス線管の焦点とP点を通る直線上で焦点からP点の方向にある地点における1 cm 線量当量率は，焦点からの距離の2乗に反比例するものとする．また，3月は13週とする．

(1) 7.5 m　　(2) 9 m　　(3) 15 m　　(4) 30 m　　(5) 45 m

問13　定格管電圧 250 kV のエックス線装置を用いて，下図のような配置により鋼板に垂直に，細い線束のエックス線を照射する場合，P点における1週間当りの1 cm 線量当量を 0.1 mSv 以下にすることのできる最大照射時間は (1)〜(5) のうちどれか．
ただし，計算にあたっての条件は次のとおりとする．

A　エックス線管の焦点FとP点との距離は 5 m，鋼板の照射野の中心とP点との距離は 6 m である．
B　エックス線管の焦点FからP点の方向へ 1 m の距離における漏えい線の 1 cm 線量当量率は 0.5 mSv/h である．
C　照射方向と 150°の方向（P点の方向）への後方散乱線の 1 cm 線量当量率は，鋼板の照射野の中心から 1 m の位置で 1 mSv/h である．
D　その他の散乱線は無いものとする．

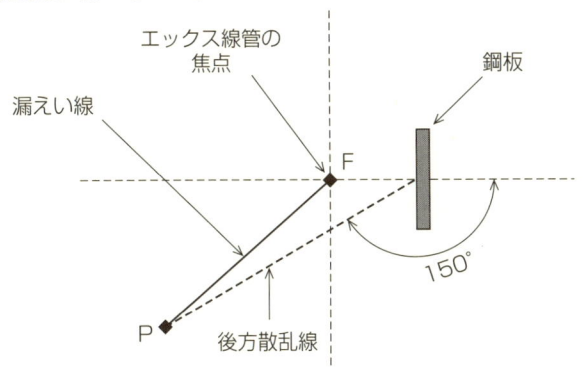

(1) 1 時間/週　　(2) 2 時間/週　　(3) 3 時間/週　　(4) 4 時間/週
(5) 5 時間/週

問14　図Ⅰのように，検査鋼板に垂直に細い線束のエックス線を照射し，エックス線管の焦点から 5 m の位置で，透過したエックス線の 1 cm 線量当量率を測定したところ，16 mSv/h であった．次に図Ⅱのように，この線束を厚さ 18 mm の鋼板で遮へいし，同じ位置で 1 cm 線量当量率を測定したところ 1 mSv/h となった．
この遮へい鋼板を厚いものに替えて，同じ位置における 1 cm 線量当量率を 0.5

1章　エックス線の管理

mSv/h 以下にするとき，使用することのできる遮へい鋼板の厚さとして最も小さいものは次のうちどれか．

ただし，エックス線の実効エネルギーは変わらないものとする．また，散乱線の影響は無いものとする．

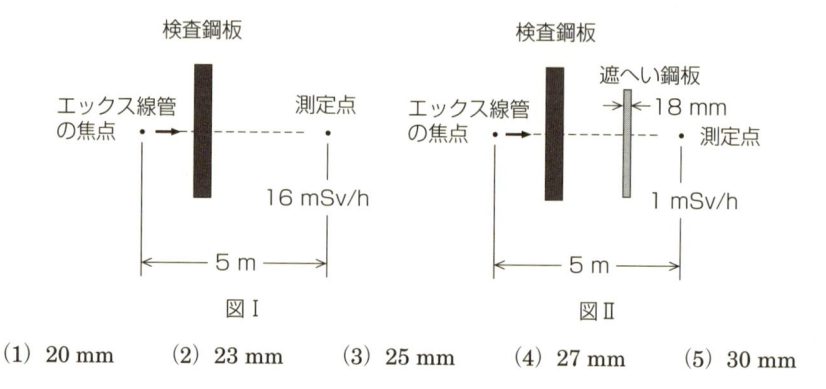

図Ⅰ　検査鋼板　エックス線管の焦点　測定点　16 mSv/h　5 m

図Ⅱ　検査鋼板　エックス線管の焦点　遮へい鋼板 18 mm　測定点　1 mSv/h　5 m

(1) 20 mm　(2) 23 mm　(3) 25 mm　(4) 27 mm　(5) 30 mm

問15 エックス線管の焦点から 1 m 離れた点での 1 cm 線量当量率が 4 mSv/min であるエックス線装置を用い，照射条件を変えないで厚さ 30 mm の鋼板と厚さ 2 mm の鉛板のそれぞれに照射したところ，これを透過したエックス線の 1 cm 線量当量率がエックス線管の焦点から 1 m 離れた点でいずれも 0.5 mSv/min であった．

同じ照射条件で，厚さ 15 mm の鋼板と厚さ 5 mm の鉛板を重ね合わせ 20 mm とした板に照射すると，エックス線管の焦点から 1 m 離れた点における透過後のおよその 1 cm 線量当量率は次のうちどれか．

ただし，鋼板および鉛板を透過した後のエックス線の実効エネルギーは，透過前と変わらないものとし，散乱線による影響は無いものとする．

(1) 1 μSv/min　(2) 2 μSv/min　(3) 8 μSv/min
(4) 20 μSv/min　(5) 50 μSv/min

問16 エックス線管の焦点から 1 m 離れた点での 1 cm 線量当量率が 120 mSv/h であるエックス線装置を用いて，鉄板とアルミニウム板を重ね合わせた板に細い線束のエックス線を照射したとき，エックス線管の焦点から 1 m 離れた点における透過後の 1 cm 線量当量率は 15 mSv/h であった．

このとき，鉄板とアルミニウム板の厚さの組合せとして正しいものは次のうちどれか．

ただし，このエックス線の鉄に対する減弱係数を 3.0 cm^{-1}，アルミニウムに対する

1.5 問題演習

減弱係数を $0.5\,\mathrm{cm^{-1}}$ とし，鉄板およびアルミニウム板を透過した後のエックス線の実効エネルギーは，透過前と変わらないものとする．また，散乱線による影響は無いものとする．なお，$\log_e 2 = 0.69$ とすること．

	鉄板	アルミニウム板
(1)	2.3 mm	13.8 mm
(2)	2.3 mm	20.7 mm
(3)	3.5 mm	27.6 mm
(4)	4.6 mm	13.8 mm
(5)	4.6 mm	20.7 mm

問17 あるエネルギーのエックス線をコンクリートにより遮へいするとき，半価層のおよその値は次のうちどれか．
ただし，このコンクリートの密度は $2.1\,\mathrm{g/cm^3}$ で，このエックス線に対する質量減弱係数は $0.11\,\mathrm{cm^2/g}$ であるものとし，散乱線による影響は無いものとする．なお，$\log_e 2 = 0.69$ として計算すること．

(1) 0.1 cm　　(2) 1 cm　　(3) 2 cm　　(4) 3 cm　　(5) 5 cm

問18 単一エネルギーで細い線束のエックス線に対する鋼板の半価層が 6 mm であるとき，1/10 価層の厚さは次のうちどれか．
ただし，$\log_e 2 = 0.69$，$\log_e 5 = 1.61$ として計算すること．

(1) 5 mm　　(2) 10 mm　　(3) 20 mm　　(4) 30 mm　　(5) 40 mm

問19 エックス線が被照射体（鋼板）に当たったときの散乱線に関する次の記述のうち，正しいものはどれか．
(1) エックス線は，そのエネルギーが高くなるにつれ，前方より後方に散乱されやすくなる．
(2) 前方散乱線の空気カーマ率は，散乱角が大きくなるに従って増加する．
(3) 後方散乱線の空気カーマ率は，散乱角が大きくなるに従って減少する．
(4) 後方散乱線の空気カーマ率は，管電圧が増加するに従って減少する．
(5) 後方散乱線の空気カーマ率は，被照射体の板厚が増すと増加するが，ある厚さ以上となるとほぼ一定となる．

問20 エックス線の散乱に関する下文中の内のAからCに入れる語句の組合せとして，正しいものは (1)～(5) のうちどれか．

1章 エックス線の管理

「エックス線装置を用い，管電圧 100 kV で，厚さが 20 mm の鉛板およびアルミニウム板のそれぞれにエックス線のビームを垂直に照射した．

散乱角 135°方向の後方散乱線の 1 cm 線量当量率を，照射野の中心から 2 m の位置で測定したところ，（ A ）のほうが大きかった．

さらに，アルミニウム板について，散乱角 120°方向の後方散乱線の 1 cm 線量当量率を照射野の中心から 2 m の位置で測定し，135°方向における 1 cm 線量当量率と比較したところ，（ B ）方向のほうが大きかった．

また，同じ照射条件で，厚さ 20mm の鋼板に垂直にエックス線のビームを照射し，照射方向と 30°および 60°の方向の前方散乱線の 1cm 線量当量率を，照射野の中心から 2m の位置で測定し，その大きさを比較したところ，（ C ）方向のほうが大きかった．」

	A	B	C
(1)	アルミニウム板	135°	60°
(2)	アルミニウム板	120°	60°
(3)	アルミニウム板	135°	30°
(4)	鉛板	120°	60°
(5)	鉛板	135°	30°

問21 透過写真撮影用の一体形（携帯式）エックス線装置の制御器等に関する次の記述について，正しいものの組合せは (1)～(5) のうちどれか．

A 制御器とエックス線発生器は高電圧ケーブルで接続されている．
B 管電圧調整器は，高電圧変圧器の一次側電圧を調整する装置で，単巻変圧器が利用されている．
C 管電流調整器は，フィラメント加熱用変圧器の一次側電圧を調整して，管電流を制御する装置である．
D 高電圧変圧器，フィラメント加熱用変圧器は，いずれも昇圧変圧器である．

　(1) A，B　　(2) A，D　　(3) B，C　　(4) B，D　　(5) C，D

問22 工業用エックス線装置のエックス線管に関する次の記述のうち，正しいものはどれか．

(1) エックス線管の内部には，アルゴンなどの不活性ガスが封入されている．
(2) 陰極のフィラメント端子間の電圧は，フィラメント加熱用の昇圧変圧器を用いて 10 kV 程度にされている．
(3) フィラメントの周囲には，発生した熱電子のひろがりを抑えるために集束筒（集

束カップ）が設けられている．
(4) ターゲットに衝突した電子のエネルギーの 20～30 ％がエックス線として放射され，残りは熱となる．
(5) ターゲット元素には，通常，熱伝導性の良い無酸素銅が用いられる．

問23 次の A から D までのエックス線装置のうち，利用している主要原理が同一であるものの組合せは (1)～(5) のうちどれか．

A エックス線回折装置　　　B エックス線応力測定装置
C エックス線透過試験装置　D 蛍光エックス線分析装置

(1) A, B　　(2) A, C　　(3) B, C　　(4) B, D　　(5) C, D

問24 次のエックス線装置とその原理との組合せのうち，正しいものはどれか．
(1) 蛍光エックス線分析装置……………散乱
(2) エックス線透過試験装置……………回折
(3) エックス線厚さ計………………………分光
(4) エックス線マイクロアナライザ…………散乱
(5) エックス線応力測定装置……………回折

問25 管理区域設定のための外部放射線の測定に関する次の記述のうち，正しいものはどれか．
(1) 放射線測定器は，国家標準とのトレーサビリティが明確になっている基準測定器または数量が証明されている線源を用いて測定実施日の 1 年以内に校正されたものを用いる．
(2) 放射線測定器として，フィルムバッジ等の積算型放射線測定器は用いてはならない．
(3) 測定点は，壁等の構造物によって区切られた領域の中央部付近の床上 120～150 cm の位置の数箇所とする．
(4) あらかじめ計算により求めた 1 cm 線量当量等の高い箇所から低い箇所への順に測定していく．
(5) 測定に先立ちバックグラウンド値を調査しておき，これを測定値に加えて補正した値を測定結果とする．

問26 エックス線装置を用いる作業等に関する次の記述のうち，誤っているものはどれか．

1章　エックス線の管理

(1) 作業にあたり，エックス線を遮へいするためには，原子番号が大きく，かつ，密度の高い物質を用いるとよい．
(2) ろ過板は，連続エックス線に含まれている低エネルギー成分を除去し，後方散乱線を低減する効果があるが，蛍光エックス線分析など軟線を利用する作業では，使用する必要はない．
(3) エックス線回折装置に用いられるエックス線装置は，電圧が低く小型であるが，作業中には放射線測定器を装着する．
(4) 屋外でエックス線装置を用いて臨時作業を行う場合には，法定の立入禁止区域を設ければ，管理区域を設定する必要はない．
(5) 工場の製造工程で使用されるエックス線による計測装置などで，装置の外側には管理区域が存在しないものについても，内側の管理区域について，標識により明示する必要がある．

問題の解答・解説

【問1】
解答 (3)
解説 (1) 誤り．エックス線は電磁波．
(2) 誤り．軌道電子に関係するのは特性エックス線．
(4) 誤り．波長は電子軌道のエネルギー準位の差によって決まる．
(5) 誤り．強さは強くなる．

【問2】
解答 (1)
解説 A，B　正しい．C，D　誤り．波長は電子軌道のエネルギー準位の差によって決まる．

【問3】
解答 (4)
解説 1.1節⑦項参照．
A　消滅しない．　B　消滅する．　C　消滅しない．　D　消滅する．

【問4】
解答 (4)

1.5　問題演習

解説 (4) 誤り．光電効果の起こる確率は減少する．（図1·12参照）
他は正しい．

【問5】
解答 (5)
解説 A　誤り．エネルギーが変化する（＝μが変化する）と，半価層も変化する．
B　誤り．半価層の5倍の厚さは1/32価層の厚さ（$1/2^5 = 1/32$）．
C，D　正しい．

【問6】
解答 (4)
解説 A　影響しない．　B　影響する．　C　影響しない．　D　影響する．

【問7】
解答 (1)
解説 1.12節参照．

【問8】
解答 (4)
解説 1.1節③項参照．
A　最短波長，最高強度の波長は短くなる．全強度は大きくなる．
B　最短波長，最高強度の波長は変わらない．全強度は大きくなる．
C　最短波長，最高強度の波長は短くなる．全強度は変わらない．
D　最短波長，最高強度の波長は変わらない．全強度は大きくなる．

【問9】
解答 (5)
解説 (1) 誤り．管電圧が一定の場合，最短波長は変化しない．
(2) 誤り．管電流を増加させると，全強度は変化する．
(3) 誤り．波長は変化しない．
(4) 誤り．波長は変化しない．

【問10】
解答 (1)

1章　エックス線の管理

解説 1.1節③項参照．

【問11】
解答 (2)
解説 題意を図示すると下図のようになる．
① 管理区域境界Q点の1cm線量当量は，管理区域の規定（4.4節①項参照）より，
　　　$1.3\,\text{mSv}/3\,\text{月} = 1.3/13\,(\text{週}/3\,\text{月}) = 0.1\,\text{mSv}/\text{週}$
　1週間の合計撮影枚数をx（枚/週）とすれば，
② 露出時間の合計は，$150\,x$（秒/週）

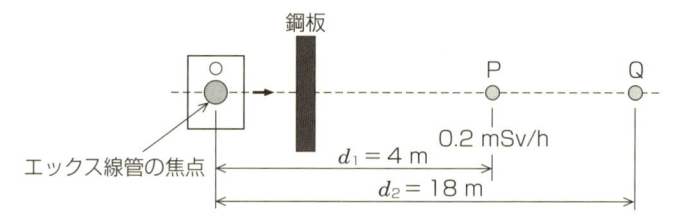

（鋼板，エックス線管の焦点，P，Q，$d_1 = 4\,\text{m}$，$d_2 = 18\,\text{m}$，0.2 mSv/h の図）

③ 撮影時のQ点での1cm線量当量率は，
　　　$0.2\,\text{mSv}/\text{時間} \times (4\,\text{m}/18\,\text{m})^2 \times 1/3600\,\text{秒}/\text{時間}$
　　　$= (0.2 \times 4^2)/(18^2 \times 3600)\,\text{mSv}/\text{秒}$
④ 撮影におけるQ点での1週間の合計線量は，②×③より，
　　　$150\,x \times (0.2 \times 4^2)/(18^2 \times 3600)\,\text{mSv}/\text{週}$
管理区域境界では，①＝④であるから，
　　　$0.1 = 150\,x \times (0.2 \times 4^2)/(18^2 \times 3600)$
　∴　$x\,\text{枚}/\text{週} = (0.1 \times 18^2 \times 3600)/(150 \times 0.2 \times 4^2) = 243\,\text{枚}/\text{週}$

【問12】
解答 (3)
解説 題意を図示すると下図のようになる．

（鋼板，エックス線管の焦点，P，Q，$d_1 = 5\,\text{m}$，d_2，0.4 mSv/h の図）

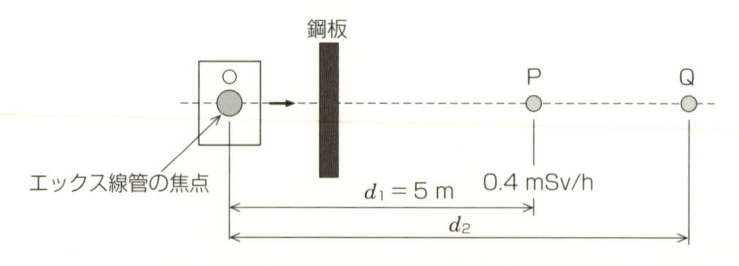

1.5 問題演習

① 管理区域境界（Q点）の1 cm 線量当量は，管理区域の規定より，
   $1.3 \text{ mSv}/3 \text{ 月} = 1.3/13 \text{（週/3月）} = 0.1 \text{ mSv/週}$
② 1週間の露出時間の合計は，
   $90 \text{ 秒} \times 90 \text{ 枚/週} = 8\,100 \text{ 秒/週}$
③ 撮影時のQ点での1 cm 線量当量率は，
   $0.4 \text{ mSv/時間} \times (5 \text{ m}/d_2 \text{ m})^2 \times 1/3\,600 \text{ 秒/時間}$
   $= (0.4 \times 5^2)/(d_2^2 \times 3\,600) \text{ mSv/秒}$
④ 撮影におけるQ点での1週間の合計線量は，②×③より，
   $8\,100 \times (0.4 \times 5^2)/(d_2^2 \times 3\,600) \text{ mSv/週}$
   管理区域境界では，①＝④であるから，
   $0.1 = 8\,100 \times (0.4 \times 5^2)/(d_2^2 \times 3\,600)$
   $\therefore d_2 = \sqrt{(8\,100 \times 0.4 \times 5^2)/(0.1 \times 3\,600)} = 15 \text{ m}$

【問13】
解答 (2)

解説 距離の逆2乗則　$I_2/I_1 = (d_1/d_2)^2$

① 漏洩線
   $I_2/0.5 \text{ mSv/h} = (1/5)^2$
   $\therefore I_2 = (1/5)^2 \times 0.5 \text{ mSv/h} = (1/25) \times 0.5 \text{ mSv/h} = 0.02 \text{ mSv/h}$
② 後方散乱線
   $I_2/1 \text{ mSv/h} = (1 \text{ m}/6 \text{ m})^2$
   $\therefore I_2 = (1/6)^2 \times 1 \text{ mSv/h} = (1/36) \times 1 \text{ mSv/h} = 0.028 \text{ mSv/h}$
③ P点における合計の線量率は①＋②より，
   $0.02 \text{ mSv/h} + 0.028 \text{ mSv/h} = 0.048 \text{ mSv/h}$
   1週間当りの1 cm 線量当量率を0.1 mSv 以下にするためには，
   $0.1 \text{ mSv}/0.048 \text{ mSv/h} = 2.08 \text{ 時間}$

【問14】
解答 (2)

解説 ① 線量当量率が1/16になったことから，鋼板の1/16価層は18 mm．
② 1/16価層の厚さは半価層の4倍の厚さであるから，半価層は18/4 mm．
   $\dfrac{1}{16} \text{ 価層} = \dfrac{\log_e 16}{\mu} = \dfrac{\log_e 2^4}{\mu} = 4 \times \dfrac{\log_e 2}{\mu} = 4 \times \text{半価層}$
③ 16 mSv/h が 0.5 mSv/h になるときの鋼板の厚さは1/32価層．

1章　エックス線の管理

④　1/32 価層の厚さは半価層の 5 倍の厚さであるから，18/4mm × 5 = 22.5 mm.

【問 15】
解答 (3)
解説 ① 鋼板，鉛板とも線量当量率が 4 → 0.5（1/8）になった．
② 鋼板の 1/8 価層は 30 mm，鉛板の 1/8 価層は 2 mm．
③ 15 mm の鋼板を透過した後の線量率 I_1 は，

$$I_1 = 4 \times \left(\frac{1}{8}\right)^{\frac{15}{30}}$$

④ さらに 5 mm の鉛板を透過した後の線量率 I_2 は

$$I_2 = I_1 \times \left(\frac{1}{8}\right)^{\frac{5}{2}} = 4 \times \left(\frac{1}{8}\right)^{\frac{15}{30}} \times \left(\frac{1}{8}\right)^{\frac{5}{2}} = 4 \times \left(\frac{1}{8}\right)^{\frac{15}{30}+\frac{5}{2}} = 4 \times \left(\frac{1}{8}\right)^{3}$$

$$= 0.0078 \text{ mSv/min} = 7.8 \text{ μSv/min}$$

【問 16】
解答 (4)
解説 題意をまとめると下図のとおりである．

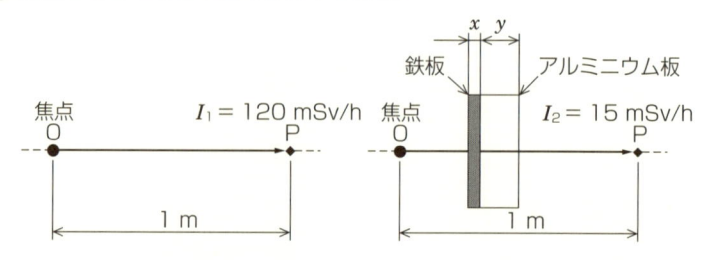

鉄板の厚さを x cm，アルミニウム板の厚さを y cm とすると，減弱の式は次式で表される．

$$\frac{I}{I_0} = \frac{15}{120} = \left(\frac{1}{2}\right)^3 = e^{-3x} \times e^{-0.5y} = e^{-(3x+0.5y)}$$

$$\therefore \log_e\left(\frac{1}{2}\right)^3 = 3\log_e\frac{1}{2} = -3\log_e 2 = \log_e e^{-(3x+0.5y)} = -(3x+0.5y)$$

$$\therefore 3 \times 0.69 = 2.07 = 3x + 0.5y$$

解答群の中から上式が成り立つ x と y を選ぶ．

1.5 問題演習

【問17】

解答 (4)

解説 ① コンクリートの密度 $\rho = 2.1\,\mathrm{g/cm^3}$
② 質量減弱係数 $\mu/\rho = 0.11\,\mathrm{cm^2/g}$
③ (線) 減弱係数 $\mu\,(\mathrm{cm^{-1}}) = 0.11 \times \rho = 0.11 \times 2.1 = 0.23\,\mathrm{cm^{-1}}$
　　∴ 半価層 $= \log_e 2/\mu = 0.69/0.23 = 3\,\mathrm{cm}$

【問18】

解答 (3)

解説

$$\frac{1}{10} 価層 = \frac{\log_e 10}{\mu} = \frac{\log_e 2 + \log_e 5}{\dfrac{\log_e 2}{半価層}} = \left(1 + \frac{\log_e 5}{\log_e 2}\right) \times 半価層$$

$$= \left(1 + \frac{1.61}{0.69}\right) \times 6 = 20\,\mathrm{mm}$$

【問19】

解答 (5)

解説 (1) 前方より後方に散乱されやすくなるとは限らない．
(2)〜(5) については本文中の図 1·14，図 1·15 〜 図 1·19 参照．

【問20】

解答 (3)

解説 本文中の図 1·14，図 1·20 参照．

【問21】

解答 (3)

解説 A 誤り． 低電圧ケーブルで接続．
B，C 正しい．
D 誤り． フィラメント加熱用変圧器は約 10 V に降圧．

【問22】

解答 (3)

解説 (1) 誤り．真空になっている．
(2) 誤り．フィラメント端子間の電圧は約 10 V に降圧．

1章 エックス線の管理

(4) 誤り．放射されるエックス線は 0.5 〜数％程度．
(5) 誤り．ターゲット元素はタングステン．

【問 23】
解答 (1)
解説　A　回折
B　回折
C　透過
D　分光

【問 24】
解答 (5)
解説 (1) 誤り．　分光
(2) 誤り．　透過
(3) 誤り．　吸収または散乱
(4) 誤り．　分光

【問 25】
解答 (1)
解説 (2) 誤り．　測定時間も計測することで，積算型を用いることもできる．
(3) 誤り．　測定高さは作業床面上 1 m．
(4) 誤り．　低い箇所から高い箇所への順．
(5) 誤り．　バックグラウンド値を差し引く．

【問 26】
解答 (4)
解説 (4) 誤り．　いずれの区域も設定が必要．　その他は正しい．

2章 エックス線の測定

2.1 エックス線に関する測定の単位

① 空気カーマとは

　単位質量の物質に非荷電粒子（間接電離放射線：エックス線，ガンマ線，中性子線）が照射されたときに電離作用によって，その物質内につくられる二次荷電粒子の初期運動エネルギーの合計を**カーマ**と定義しています．通常，カーマは物質名を付けて呼び，物質が空気である場合，**空気カーマ**といいます．カーマは物理量で，単位はJ/kg（ジュール毎キログラム）であり，その特別な名称を**グレイ**（gray：記号 **Gy**）といいます．

$$1\,\mathrm{J/kg} = 1\,\mathrm{Gy}$$

② 照射線量とは

　単位質量の空気中で，光子（エックス線，ガンマ線）によって発生した電子が完全に止まるまでに生じたイオン対の電荷量の合計を**照射線量**といいます．照射線量も物理量で，単位は **C/kg**（クーロン毎キログラム）です．

　最近では，カーマの概念が定着し，照射線量はあまり使用されなくなっていますが，以下に，照射線量と空気カーマの関係を示しておきます．

　電荷の最小単位である素電荷は 1.6×10^{-19} C なので，1 C の電荷発生は $1/(1.6 \times 10^{-19})$ 個のイオン対を生成する電荷量に相当します．気体中で一つのイオン対をつくる（分子1個を電離する）のに必要な（平均）エネルギーを**W値**（eV）といいます（63頁参照）が，1 C の電荷が生じた場合，そのエネルギーの総和は $W \times 1/(1.6 \times 10^{-19})$ eV となります．また，$1\,\mathrm{eV} = 1.6 \times 10^{-19}$ J ですので，ジュール（J）を単位として表せば W〔J〕となります．したがって，次式が成り立ちます．

$$1\,\text{C/kg} = W\,[\text{J/kg}]$$
$$\therefore\quad 1\,\text{J/kg} = 1\,\text{Gy} = 1/W\,[\text{C/kg}]$$

空気のW値は33.85 eVですから，空気カーマと照射線量との間には次の関係が成り立つことになります．

$$1\,\text{Gy} = 2.95 \times 10^{-2}\,\text{C/kg}$$

③ 吸収線量とは

エックス線の人体や動物などに対する影響，すなわち放射線による障害などを考える場合には，その物質に吸収された線量を対象としたほうがよく，その場合の線量を**吸収線量**といいます．その線量の単位としてはカーマと同じ**Gy**が用いられます．

吸収線量は，放射線照射を受けた物質の単位質量当りに吸収されたエネルギーと定義され，放射線の種類や吸収物質の種類に無関係に定義される量です．1 Gyは，物質1 kgが1 Jのエネルギーを吸収したときの線量です．

$$1\,\textbf{Gy} = 1\,\textbf{J/kg}$$

④ 防護量・実用量とは

人体に対する影響は，吸収されたエネルギーが等しくても，放射線の種類および体内のどこに沈着したかによって異なります．そこで，放射線防護のために被ばく量をすべての放射線に共通のものさしで表したのが**防護量**です．線量の単位としては**シーベルト**（sievert：記号 **Sv**）を使います．

ここで，D：吸収線量，Q：線質係数，N：修正係数とすると

$$\text{線量}\ H = D \times Q \times N$$

のようにすべての積で表します．

Qは放射線の種類やエネルギーに依存する値で生物学的効果の違いの程度を表します．エックス線，ガンマ線および電子線については1とします．Nは現在のところ1とします．

吸収線量のDをGyとしたとき，線量の単位はSvですから，$Q=1$, $N=1$なら1 Sv = 1 Gyとなります．

防護量は，放射線防護を目的として，**等価線量**と**実効線量**とが定義されていま

す（131頁参照）．**等価線量**は，皮膚障害や白内障のような発症にしきい値をもった確定的影響（127頁参照）を評価するための量で，放射線の種類やエネルギーに係わる放射線荷重係数で重み付けされた臓器・組織あたりの吸収線量として定義されます．一方，**実効線量**は，発がんや遺伝的影響などのようなしきい値をもたない確率的影響（128頁参照）を評価するための量で，臓器・組織の相対的な放射線感受性を表す組織荷重係数で身体すべての臓器・組織にわたって重み付けした等価線量として定義されます．

等価線量と実効線量は人体内部での線量と定義されているため，実測は困難で，計測可能な**実用量**として**線量当量**という量が定義され，外部被ばくの部位によって **1 cm 線量当量**または **70 μm 線量当量**が選択され（3.5節①項参照），放射線測定器で Sv を単位として実測されます．

2.2　放射線に関する測定器の原理

放射線の検出は，放射線による気体または固体の電離作用，蛍光作用，写真作用などを利用して行われます．

1　測定器の種類

① 電離作用を利用して検出するもの
　a）電離箱，比例計数管，ガイガー・ミュラー（GM）計数管……気体の電離を利用したもの
　b）半導体検出器……固体の電離を利用したもの
② 蛍光作用を利用して検出を行うもの……シンチレーション計数管
③ 写真作用を利用して検出を行うもの……フィルムバッジ
④ その他の作用を利用して検出を行うもの
　a）化学線量計（鉄線量計，セリウム線量計）……化学作用を利用したもの
　b）熱ルミネッセンス線量計……熱蛍光作用を利用したもの
　c）ガラス線量計……光蛍光作用を利用したもの

② 電離作用とは

電離作用はイオン化作用ともいい，アルファ（α）粒子，ベータ（β）粒子，電子，陽子（プロトン），重陽子（デューテロン）などの電荷をもった粒子（**荷電粒子**という）が物質中を通過すると，その通路の上にある物質の原子を直接電離します．図2・1に示すように，原子の極めて近くを荷電粒子が通過すると，荷電粒子のもっているエネルギーの一部が原子の**最外殻電子**（一番外側の軌道上の電子）に与えられ，このとき与えられたエネルギーがこの電子のある値（励起エネルギー）以上であると，その軌道から外に飛び出して**自由電子**になります．

ここで，原子核の正電荷と外殻電子の負電荷がつり合って電気的に中性な状態の原子であれば安定といえますが，最外殻の電子1個が飛び出したために，この電子のもっている負電荷に等しい量の正電気を帯びた状態になります．このように，電気的に中性な原子が1個の自由電子と正に帯電した原子（イオン）とに分かれる現象を**イオン化**（**電離**）といい，原子を直接電離する放射線（荷電粒子）を**直接電離放射線**といいます．

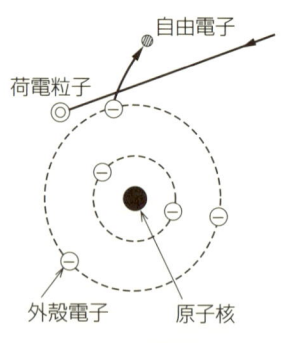

図2・1 電離作用

一方，エックス線やガンマ線のような電磁波には直接電離する作用はありません．しかし，1章で述べたように，電磁波が物質に衝突すると，物質との間で光電効果，コンプトン散乱，電子対生成などの相互作用を起こし，その結果として電子（荷電粒子）が放出され，そして，この電子によって気体分子の電離が行われます．このように，原子を間接的に電離する放射線（電磁波）を**間接電離放射線**といいます．

③ 電離作用によってつくられるイオン対の数

電離作用によってつくられるイオン対の数 N は，放射線の通過によって気体の分子に与えられるエネルギー E に比例し，気体の分子1個を電離するのに必

2.2 放射線に関する測定器の原理

要なエネルギー W（W値）に反比例しますから，式に表すと

$$N = \frac{E}{W}$$

となります．エネルギーが大きくなると，電離エネルギーが一定であれば生じるイオン対の数は多くなります．Wの値は気体の種類によって決まり，2.1節②項で述べたように，空気では 33.85 eV です．

④ 電離作用を利用した測定器の原理

|荷電粒子の測定には| 荷電粒子を測定するには，図2・2に示すような装置が考えられます．まず，2枚の極板の間に空気またはその他の気体を入れておきます．放射線が入射した場合，この2枚の極板間で荷電粒子の通路にあった気体の分子は電離しますから，通路に沿ってたくさんの負電荷を帯び，自由電子と正電荷を帯びたイオンの対ができます．そして，正電荷を帯びたイオンは陰極に，負電荷を帯びた自由電子は陽極に引き寄せられ，外部回路にイオン対の数に応じた電流が流れることになります．図2・2で示すように，外部回路に電流計をつないでおくと，イオン対の数に応じて変化する電流を読み取ることができます．したがって，読み取った電流値からこのとき生じたイオン対の数を知ることができ，荷電粒子の量（放射線の量または強さ）が求められることになります．

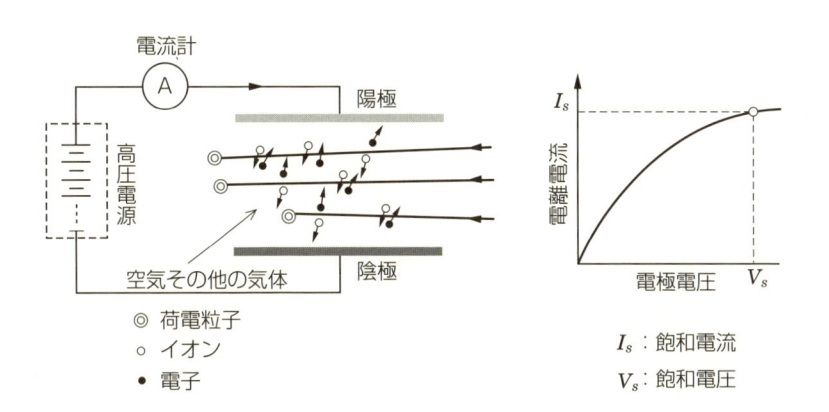

図2・2 荷電粒子の測定原理

I_s：飽和電流
V_s：飽和電圧

2章　エックス線の測定

電磁波の測定には　　エックス線やガンマ線のような電磁波の測定は，62頁で述べたように電磁波が測定器の陰極である外壁に衝突すると相互作用によって電子が生じ，この電子が気体の分子を電離してイオン対をつくりますから，荷電粒子の測定と同じような装置によって電磁波の強さを測定することができます．

検出器の動作領域　　このような検出器では，荷電粒子が1個入射した際に発生するイオン対の数 n と電極間電圧（**印加電圧**）V の関係は，図2·3に示すように，いずれの場合も印加電圧の増加によってイオン対の数は増加しますが，必ずしも比例せず，その関係の特徴に応じて5～6つの領域に分けられます．

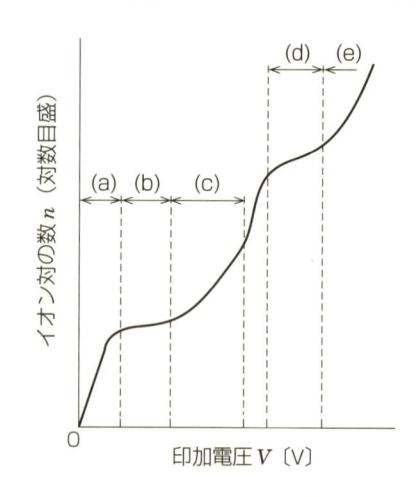

図2·3　イオン対の数 n と印加電圧 V の関係

（a）**再結合域**　印加電圧が低い間は，荷電粒子によって生じたイオン対が電極に到達する前に再び結合してしまう領域です．したがって，外部回路を流れる電流は発生したイオンの量より小さくなります．しかし，イオンの乱に比例した回路電流が流れるのが特徴です．この領域は，線量計として用いられません．

（b）**電離箱域**　荷電粒子により生じたイオンが全部電極に集められ，イオンの量は回路電流として測定できます．したがって，この領域は**電離箱**として広く線量計に用いられます．

2.2 放射線に関する測定器の原理

(c) **比例計数域**　印加電圧をさらに高くすると，荷電粒子によって生じたイオンの速度が速くなります．そして，電極へ達する前にガスの分子と衝突して電離するために，気体増幅という現象が起きる領域です．この領域のある一定電圧では，電流の大きさは一次イオン対の量に比例します．したがって，回路を流れる電流は荷電粒子によって生じたイオンの量より大きくなります．この領域は，**比例計数管**に利用されます．

(d) **ガイガー放電域**　比例計数域よりさらに印加電圧を高くしていくと，気体増幅が極端に大きくなります．そして，荷電粒子が入射しさえすれば，生じるイオン数に無関係に放電する領域です．このために，回路には放電ごとに一定の強さの放電電流が流れます．この領域は，**ガイガー・ミュラー計数管（GM計数管）**に利用されます．

(e) **連続放電域**　荷電粒子が入射しなくても高定圧のために連続放電する領域です．この領域は，線量計として利用することはできません．

⑤ 蛍光作用を利用した測定器の原理

放射線検出の原理　ある種類の蛍光物質は，放射線が通過する場合にエネルギーを与えられると励起され，安定な状態に戻るときに可視光線を出します．このような現象を**シンチレーション**といいます．放射線の強さが大きい場合には，蛍光物質から放出される光子の数が多いために直接肉眼で光を見ることができます．この応用例が蛍光透視板で，物質を透過した放射線の強さの分布を調べるものです．

また，放射線の強さが小さい場合には，蛍光体の発する光を直接肉眼で見ることができないので，特殊な電子管（光電子増倍管）を用いて蛍光を電子流に変え，さらに電子流の増幅を行って電気的なパルスにして検出します．放射線の検出に用いられるものをシンチレーション検出器といいます．

検出器に利用される蛍光体　蛍光体は**シンチレータ**とも呼ばれています．結晶状のものと粉末状のものがありますが，結晶状のものはシンチレーションクリスタルといい，特にヨウ化ナトリウム（NaI）やヨウ化セシウム（CsI）のような無機物結晶を蛍光体として用いると，エックス線やガンマ線を効率良く測定することができます．

また，入射した電磁波エックス線やガンマ線のエネルギーに比例した大きさの出力パルスが得られるので，これらのエネルギースペクトルを測定するのにも利用されます．

粉末状の蛍光体としては，ZnS，CaWO₄ などが用いられ，蛍光増感紙や蛍光透視板，蛍光増倍管などに利用されています．

① 蛍光体の特徴としては不感時間が短いので高速の計数ができます．
② 入射する放射線のエネルギーの大きさに比例した（エネルギーの依存性が高い）大きさの出力パルスが得られます．
③ 蛍光体の種類を変えれば，アルファ線，ベータ線，ガンマ線，熱中性子線など，いろいろな放射線を効率良く測定できます．

⑥ 写真作用を利用した測定器の原理

フィルムなどに塗られた写真乳剤に放射線が入射すると，乳剤の中に**潜像**がつくられます．このフィルムを現像すると潜像が黒化します．このことは，放射線も光と同じように，写真乳剤に対して**黒化作用**（**写真作用**）があることになります．これは，乳剤に含まれるハロゲン化銀の結晶粒が荷電粒子の通過によってイオン対となり，負の電荷は，結晶粒内に銀イオンを集めて現像核をつくることになります．

このようにしてできた現像核（潜像）は，現像すると黒化銀粒子となり，この黒化の度合いで，フィルムや乾板を通過した放射線の強さを測定することができます．

⑦ その他の作用を利用した測定器の原理

化学線量計 化学変化の量によって大線量を測定する放射線検出器で，硫酸第一鉄を用い，放射線によって鉄イオンが酸化することを利用した**鉄線量計**（**フリッケ線量計**）と，セリウムの還元を利用した**セリウム線量計**などがあります．これらの反応がどれくらいの割合で行われたかを表すのに，放射線の吸収エネルギー 100 eV によって化学変化を起こす原子数を用いますが，この値を **G 値**と呼んでいます．

ガラス線量計 比較的大きな線量の測定に用いられるものです．放射線によってガラスの中に**着色中心**ができ，これに光を当てると蛍光を発するので，この

2.2 放射線に関する測定器の原理

蛍光の強さを測定して，放射線の線量に換算します．着色中心は読み取った後でも消えませんので，再読取りや，続けて線量を積算することができます．使用後，**アニーリング**（再生処理：420℃で30分ほどの加熱）することで再使用できます．

半導体検出器　測定原理はダイオードに逆バイアスをかけ電子も正孔もない**空乏層**という領域をつくり，そこに放射線が入射すると電子と正孔が生じ，外部回路に電流パルスが得られ電離箱と同じように検出することができます．一対の電子・正孔を得るエネルギーは気体の場合より小さく，また，エネルギー分解能がよく高感度で小型の検出器ができます．

熱ルミネッセンス線量計　　LiF，CaF，$CaSO_4$，$SrSO_4$ などの**熱ルミネッセンス物質（熱蛍光物質）** に放射線を照射した後，これを熱すると蛍光を発します．熱ルミネッセンス量は吸収した放射線のエネルギー，吸収線量に比例しますので，積算線量を知ることができます．加熱温度と熱ルミネッセンス量との関係曲線を**グロー曲線**と呼びます．

熱ルミネッセンス物質をロッド状，ペレット状，シート状に成形して素子とし，ホルダーに収めて線量計とします．読取り装置（リーダ）で積算線量を読み取った後，アニーリング（400〜500℃で加熱）することで再使用できます．広いエネルギー範囲の線量を測定でき，形が小さく，1 cm 線量当量の測定ができる長所があります．なお，一度加熱して線量を読み取ると，蓄積された情報は消えてしまいますので，加熱不良で読取りに失敗した場合，再読取りができないという欠点があります．

光刺激ルミネッセンス線量計　エックス線などによって刺激された物質（例えば酸化アルミニウム）が，その後に緑色レーザ光などを照射すると蛍光を発する現象（輝尽発光）を利用したものです．感度は高く，エネルギー特性がよく，光学的なアニーリング（強い光による照射）を行うことで，繰り返し測定が可能です．**退行現象（フェーディング）** は小さく，湿度の影響は受けにくいなどの特徴があります．

⑧ 放射線管理用測定器への応用

放射線管理用の測定器には，作業環境などの空間線量率を測定する「**サーベイ**

2章　エックス線の測定

メータ」と管理区域立入者の被ばく線量を測定する**個人線量計**があります．サーベイメータにはリアルタイムに作動する検出器が用いられ，個人線量計には積算型の線量計が用いられます．現在広く使用されている放射線測定器の特徴を表2・1に示します．

表2・1　放射線測定器の特徴

測定器の名称	測定原理	放射線管理用の測定器		備考
		サーベイメータ	個人線量計	
電離箱	気体の電離	○	○ ポケット線量計	基準線量計
比例計数管	気体の電離	―	―	エネルギー分析
GM計数管	気体の電離	○	○ 警報付線量計	
シンチレーション検出器	シンチレーション（即時発光）	○	―	エネルギー分析
写真乳剤	感光作用	×	○ フィルムバッジ	
化学線量計	化学反応	×	×	
ガラス線量計	電子・正孔の捕獲 紫外線による発光	―	○	
半導体検出器	固体の電離	○ Si検出器	○ Si検出器	エネルギー分析 (Ge検出器)
熱ルミネッセンス線量計	電子・正孔の捕獲 加熱による発光	×	○ TLD*	
光刺激ルミネッセンス線量計	電子・正孔の捕獲 光刺激による発光	×	○ OSLD**	

＊ TLD : Thermal Luminescence Dosimeter
＊＊ OSLD : Optical Stimulated Luminescence Dosimete

2.2 放射線に関する測定器の原理

例題 1 図中のⅠ～Ⅴの領域の名称を選び，（ ）内にその記号を記入しなさい．

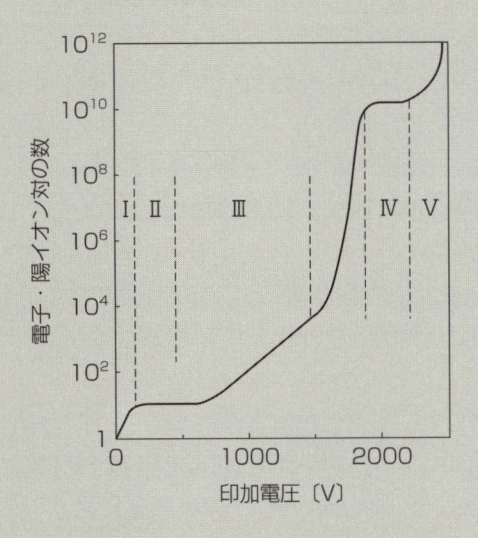

（グラフ：横軸 印加電圧〔V〕，縦軸 電子・陽イオン対の数，領域Ⅰ～Ⅴ）

Ⅰの領域（ A ）　Ⅱの領域（ B ）　Ⅲの領域（ C ）
Ⅳの領域（ D ）　Ⅴの領域（ E ）
①比例計数域　②境界域　③再結合域　④連続放電域
⑤ガイガー放電域　⑥電離箱域

解答 A：③，B：⑥，C：①，D：⑤，E：④
解説 図 2·3 参照．なお，ⅢとⅣとの間の領域は②の境界域です．

例題 2 放射線の測定器は，その放射線と測定器を構成する物質との相互作用を利用したものである．測定器と関連する語句を選び，（ ）の中にその記号を記入しなさい．
電離箱（ A ）　GM 計数管（ B ）　シンチレーション計数管（ C ）
化学線量計（ D ）　フィルムバッジ（ E ）
①G 値　②蛍光効率　③黒化度　④飽和特性　⑤プラトー特性

解答 A：④，B：⑤，C：② D：①，E：③
解説 (1) 電離箱は，内部の気体中に放射線によってつくられたイオン対を

2章　エックス線の測定

陽極と陰極との間にかけた高電圧（印加電圧）によって両極に集め，電離量を電流として測定する装置で，ある飽和特性をもつ飽和領域（電離箱域）の電圧範囲で使用されます．
(2) GM管にかかる印加電圧を徐々に増してゆき，ある電圧に達すると，それ以上電圧を上げても単位時間当りの計数がほぼ一定になる範囲があります．この電圧範囲を GM 計数管のプラトーと呼びます．
(3) シンチレーション計数管は，蛍光物質が放射線によって蛍光を発する現象を利用しています．
(4) 化学線量計の化学変化の反応量を表すのに G 値を用います．
(5) フィルムバッジは放射線の被ばく量を現像したフィルムの濃度（黒化度）から測定します．

例題3　次の文章の（　）の中に入る語句を選び，記入しなさい．

化学線量計のうち，最もよく用いられている鉄線量計（フリッケ線量計）は Fe^{+2} イオンの（　A　）を利用したものであり，セリウム線量計は Ce^{+9} イオンの（　B　）を利用したものである．化学線量計は，通常，放射線によって溶液に吸収されたエネルギー 100（　C　）当りの生成イオン数で表され，これを G 値という．

①還元　　②電解　　③酸化　　④eV　　⑤erg　　⑥g

解答　A：③，　B：①，　C：④

解説　化学線量計は，化学変化の反応量によって吸収した放射線のエネルギーを測定する放射線検出器です．
鉄イオンの放射線による酸化を利用した鉄線量計と，セリウムイオンの放射線による還元を利用したセリウム線量計などがあり，大線量を測定するのに適しています．G 値は，放射線の吸収エネルギー 100 eV によって化学変化を起こす原子の数をいいます．

2.3 サーベイメータの原理・構造と特徴

① 一般によく用いられるサーベイメータの構造

電離箱式サーベイメータ　　電離箱の種類は，電極の形状により平行板型，円筒型に分類され，また，その動作から充電式，放電式に分類されます．

(1) **充電式電離箱**　図2・4に示すように，放射線によってつくられる電離電流によって電離箱につながれた高抵抗に電流が流れます．この高抵抗に並列に電圧計を接続しておけば，高抵抗の両端に生じる電位差がわかり，これから電離箱内の電離量が求められます．

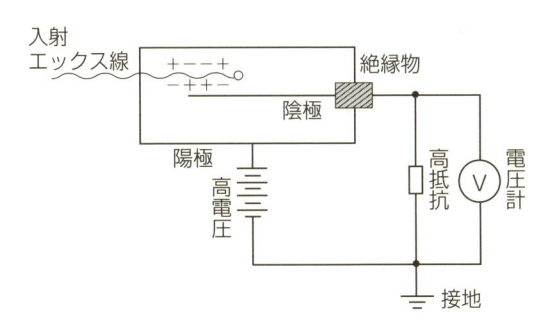

図2・4　充電式電離箱

(2) **放電式電離箱**　図2・5に示すように，あらかじめ両電極間に電圧をかけて電荷を与えておきます．測定するときはスイッチを切って，それ以後は電荷を与えないようにします．電離箱の中を放射線が通過するとイオン対ができ，両極間に生じている電位差によって電離電流が流れますから，両極の電荷が中和されて減少し，電位差が小さくなります．一定の時間が経過した後に両極間の電位差を測定すればその間に流れた電気量がわかり，これから線量を求めることができます．

2章　エックス線の測定

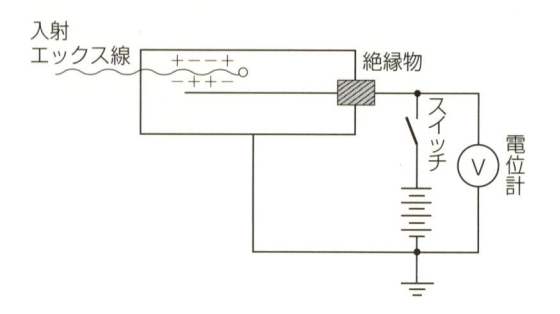

図2・5　放電式電離箱

比例計数管式サーベイメータ　　荷電粒子または光子が入射すると，気体中に生じるイオンの総数は，**印加電圧**が飽和電圧を超えて上昇すると著しく増大します．しかし，ある一定の電圧の範囲では，生じるイオンの総数が入射した荷電粒子または電子によって，はじめにつくられる一次イオンの総数に比例します．図2・6に，ガスフロ型比例計数管の構造を示します．

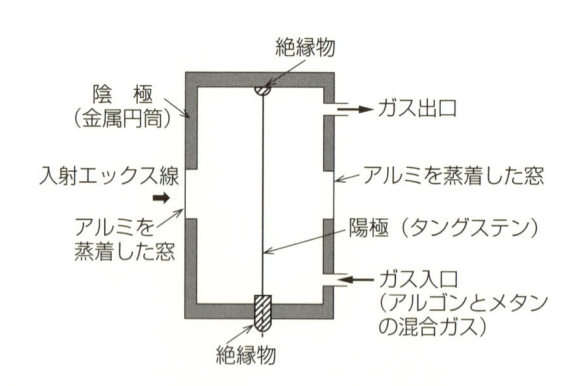

図2・6　ガスフロ型比例計数管

GM計数管式サーベイメータ　　GM計数管は比例計数域より高い電圧範囲（ガイガー放電域）の放電特性を利用したものです．最後に生じる電子の数は，入射した荷電粒子または光子によって生じたイオンの数に無関係という**電子なだれ**の現象があります．このために，電子管測定回路では，入射した粒子の種類やエネルギーに無関係に一定の大きさのパルスが得られます．図2・7にGM計数

2.3 サーベイメータの原理・構造と特徴

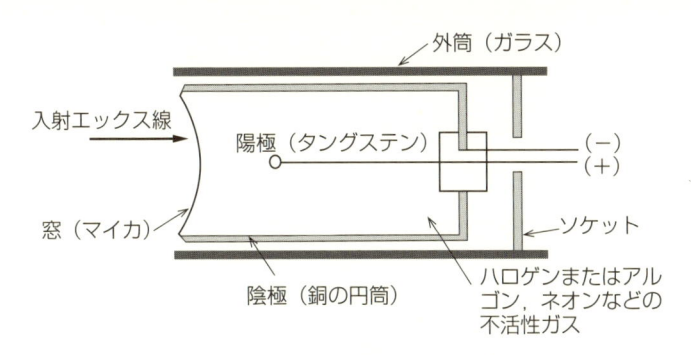

図2・7 GM計数管の構造

管の構造を示します．

|プラトーとは| ある電圧 V_1 になると計数が始まり，その後電圧を上昇させても変化しない領域がしばらく続き，電圧 V_2 を過ぎると急に上昇します．図2・8に示すような V_1 と V_2 の間の平坦部分を**プラトー**と呼び，GM計数管はプラトーの中央の電圧で動作させます．

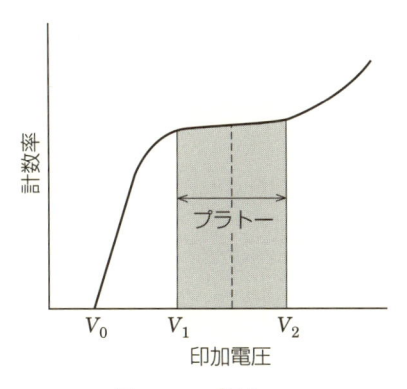

図2・8 プラトー

|数え落としの補正について| GM計数管では，放射線が入射して一度放電すると，放電がある程度消えるまでは，放射線が入射しても出力パルスがまったく現れない現象が起こります．この時間帯を**不感時間**といいます．また，回路の電気的ノイズレベルと区別するための**計数開始レベル**（**弁別レベル**）まで出力パル

2章　エックス線の測定

ス波高が回復するまでの時間を**分解時間**と呼び，正常なパルス波高となるまでの時間を**回復時間**と呼んでいます．これらの時間帯の長短は，一般に，

$$\text{不感時間} < \text{分解時間} < \text{回復時間}$$

となります．したがって，分解時間中に入射する放射線はカウントされず，計数の数え落としが起こります．この数え落としを補正しないと正しい値が得られません．なお，極端に多くの放射線が入射した場合には機能が停止してしまう**窒息現象**と呼ばれる現象が起こることがあります．

数え落としの補正は，次の補正式を使って求めることができます．

分解時間を T 〔s〕，計数率を n 〔cps〕とすると，**真の計数率** n_0 〔cps〕は次式で表されます．ここで，cps（Count per Second）は1秒間当りの計数率です．

$$n_0 = \frac{n}{1-nT}$$

いま，エックス線を測定し，550 cps の計数率 n を得たとき，計数管の分解時間 T が 100 μs である場合，$T = 100\ \mu s = 100 \times 10^{-6}$ s より，真の計数率 n_0 は上式に代入して次式のように計算されます．

$$n_0 = \frac{n}{1-nT} = \frac{550}{1-550 \times 100 \times 10^{-6}} = \frac{550}{1-0.055} = \frac{550}{0.945} = 582\ \text{cps}$$

シンチレーション計数管式サーベイメータ　　放射線の入射によって蛍光を発する光を，光電子増倍管を用いて光の量に比例した電気的パルスに直し，さらに適当な増幅器を経た後のパルスの波高を選別して計数します．エックス線または

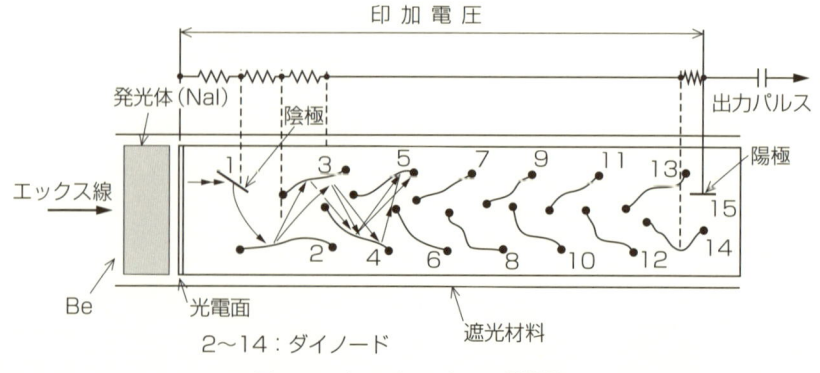

図 2・9　シンチレーション計数管

2.3 サーベイメータの原理・構造と特徴

ガンマ線検出用のシンチレータは，微量の Tl（タリウム）で活性化した NaI（ヨウ化ナトリウム）や CsI（ヨウ化セシウム）の結晶が用いられます．図 2・9 にその構造を示します．

光電子は，第 1 ダイノード（電極）に入射して，入射電子数よりも多い二次電子を放出します．ついで，次々とダイノードに達してその数を増やします．

半導体式ポケットサーベイメータ　半導体検出器には，PN 接合型の半導体が使用され，図 2・10 に示すように，接合部で作られる空乏層に放射線によって生じた電子と正孔を外部回路で電流パルスとして計測する個体の電離箱です．

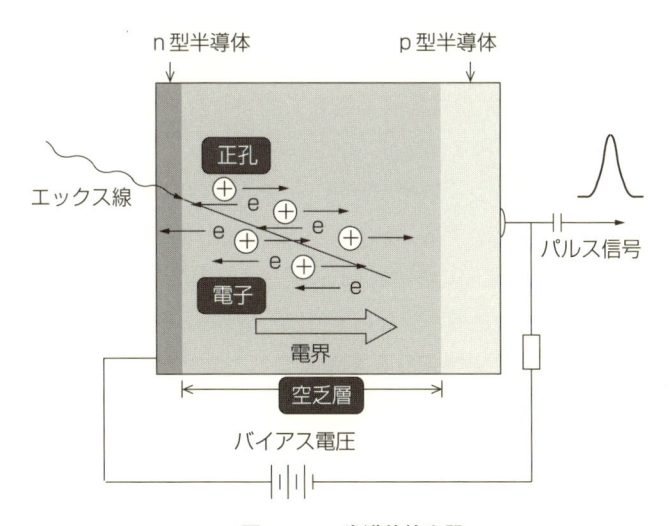

図 2・10　半導体検出器

電子・正孔対をつくるために必要なエネルギーは約 3 eV（= W 値）で，空気の W 値（= 33.85 eV）の約 1/10 であるため，一定の入射エックス線エネルギーに対して空気の約 10 倍の電子・正孔対がつくられます．また，密度が空気の約 1 000 倍であるため，電子・正孔対の物質内移動速度は速く，電極へ集まる時間が $10^{-8} \sim 10^{-9}$ 秒となり，一般の電離箱に比べて 100 倍以上速くなります．そのため，パルス幅の狭い，高いパルスを高速で計数できる特徴があります．なお，測定値はデジタル表示されます．

ポケットサーベイメータ（Si 検出器）のエネルギー特性は電離箱式サーベイ

2章　エックス線の測定

メータに比べて劣り，30 keV～2 MeV の範囲で±15％以内です．また，30 keV 以下のエネルギー領域ではエネルギー特性が極端に悪くなるので，その領域での測定には向きません．なお，高純度のGeを使用したGe検出器は入射放射線のエネルギーを分析することができます．

時定数とは　　一般に，時間の経過に伴って指数関数的に減少する量において，初めの量が37％まで減少するのにかかった時間を**時定数**といいます．線量率計では，電離によって生じたパルスの電荷をコンデンサと抵抗とを組み合わせた積分回路に集積し，その電位差を電位差計で測定しています．積分回路の場合，時定数 τ（タウ）は，コンデンサの蓄電容量 C〔F：ファラッド〕と抵抗値 R〔Ω：オーム〕との積で表され（τ〔秒〕$= CR$），計数を急に止めたとき，はじめの値が37％まで下がるまでの時間にあたります．したがって，電位差計の指示の変動は時定数 τ によって決まります．

ここで，n を1秒間当りの計数率（cps）とすれば，線量計の電位差指示計の標準偏差 σ は，$\sigma = \pm\sqrt{n/2\tau}$ で表され，測定値の**統計誤差**である相対標準偏差（平均計数値に対する標準偏差の割合）は $\sigma/n = \pm 1/\sqrt{2n\tau}$ で与えられます．すなわち，時定数を大きくすると応答時間は長くなりますが，測定誤差は小さくなって測定精度は良くなり，逆に時定数を小さくすると応答時間は短くなりますが，測定精度は悪くなります．

時定数の切り替えができるタイプの線量計では，状況に応じて測定精度と応答速度を判断して時定数を調整します．

2.3 サーベイメータの原理・構造と特徴

② サーベイメータの特性と適応性のまとめ

表2・2に，よく用いられるサーベイメータの特性と測定の適応性を示します．また，各サーベイメータの方向依存性を図2・11に示します．

表2・2 サーベイメータの特性と適応性

		電離箱式サーベイメータ	GM管式サーベイメータ	シンチレーション式サーベイメータ	半導体式ポケットサーベイメータ
サーベイメータの特性	測定方式	電離電流またはその積分値	放電によるパルスの計数	発光によるパルスの計数	電離電流またはパルスの計数
	測定範囲	1 μSv/h～0.35Sv/h	1～1000 cps 0.3～300μSv/h	0.001～1.999μSv/h 0.03～30μSv/h	3 μSv/h～99.99mSv/h
	エネルギー特性	良	電離箱より劣る	GM管より劣る	電離箱より劣る
	方向特性	良	電離箱より劣る	電離箱より劣る	電離箱より劣る
	安定度	小	大	中	大
	湿度・温度の影響	大	小	小	小
	保守・取扱	やや面倒	容易	容易	最も容易
測定の適応性	直接線の測定	○	×	×	×
	散乱線または散乱線の多くを含むものの特性	○	×	×	×
	弱い線量の測定	△	○	○	○
	微弱な線量の測定	×	△	○	○
	細い線束の測定	×	○	○	○
	積算線束の測定	○	×	×	○
	特記事項	X線・γ線の測定には最も有効な特性を示す	高線量率では窒息現象がある．β線の測定向き	100keV以下のX線・γ線には不向き	30keV以下のX線測定には不向き

2章　エックス線の測定

電離箱式サーベイメータ

GM管式サーベイメータ

シンチレーション式サーベイメータ

半導体式ポケットサーベイメータ

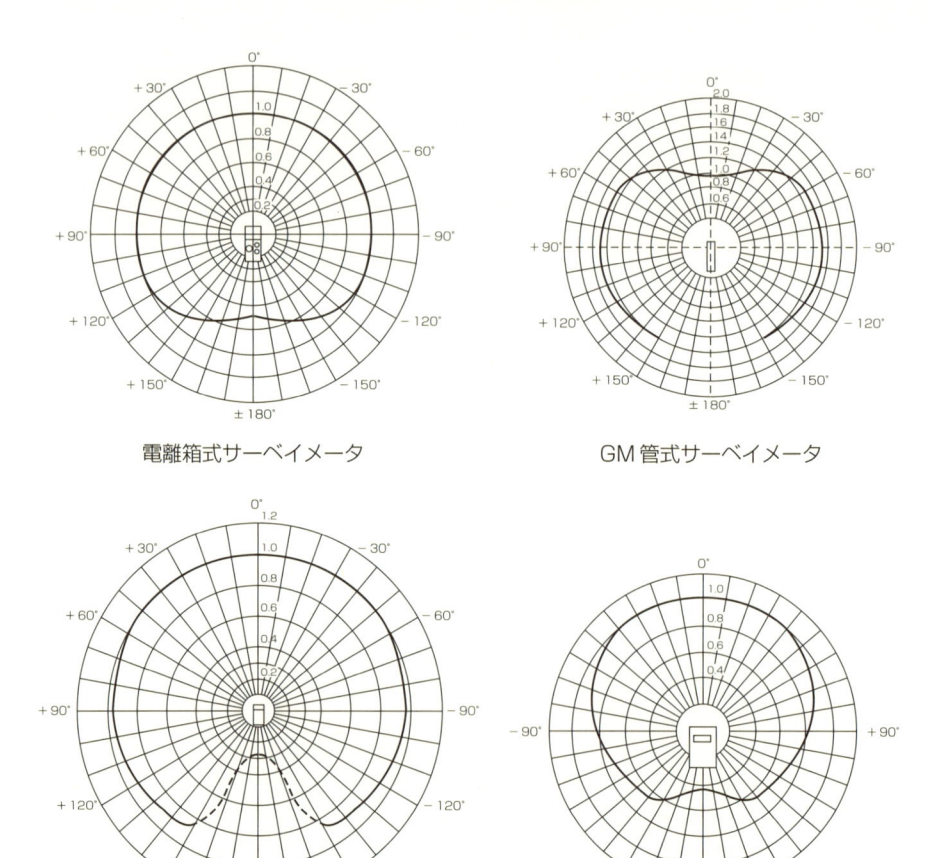

図2・11　各サーベイメータの方向依存性

2.3 サーベイメータの原理・構造と特徴

例題 4 次の文章の（　）の中に適当な数値を記入しなさい．

毎時，空気 1 kg につき 2×10^{-6} C（クーロン）のエックス線によって 10^{-12} A の電離電流を得るためには（　）cm^3 の容積の電離箱を用いればよい．

ただし，標準状態の空気 1 cm^3 の重さ＝ 0.001293 g ＝ 1.293×10^{-6} kg，また，1 A＝1 C/秒である．

解答 1 392

解説 電流の定義，1 A＝1 C/秒に着目して計算を進めます．

① 1 kg の空気が 1 秒間にエックス線によって電離される電荷量〔C〕を求める．

$$\frac{2\times 10^{-6}〔C/時\cdot kg〕}{3\,600〔秒/時〕} = \frac{2\times 10^{-6}}{3.6\times 10^{3}} = \frac{1}{1.8}\times 10^{-9}〔C/秒\cdot kg〕$$

② 電流の定義によって，空気 1 kg が電離されたときに流れる電流を求める．
1 A＝1 C/秒であるから，

$$\frac{1}{1.8}\times 10^{-9}〔C/秒\cdot kg〕 = \frac{1}{1.8}\times 10^{-9}〔A/kg〕$$

③ 電流が 10^{-12} A になるときの空気の重さを求める．

$$\frac{10^{-12}〔A〕}{\frac{1}{1.8}\times 10^{-9}〔A/kg〕} = 1.8\times 10^{-3}〔kg〕$$

④ 空気の重さが 1.8×10^{-3} kg となるときの体積（最終的に求める答え）を求める．
1 cm^3 あたりの空気の重さ＝ 1.293×10^{-6} kg であるから，

$$\frac{1.8\times 10^{-3}〔kg〕}{1.293\times 10^{-6}〔kg/cm^3〕} = 1.392\times 10^{3}〔cm^3〕$$

例題 5 次の文章の（　）の中に適当な数値を記入しなさい．

図のようなエネルギー依存性をもった X という線量計を使ってエックス線を測定したところ，線量計の読みで 50 mGy という値を得た．このときのエックス線の半価層は銅で 0.5 mm であった．

2章　エックス線の測定

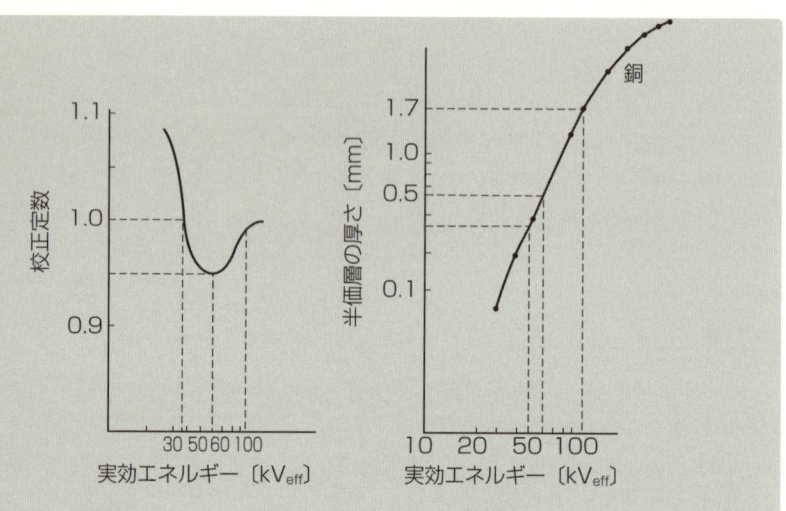

(1) エックス線の実効エネルギーは（ A ）kV$_{eff}$ である.
(2) このときの線量計の校正定数は（ B ）であるから，真の線量は（ C ）mGy である.
(3) このときのエックス線照射時間を5分とすれば，上の測定条件における線量率は（ D ）mGy/min である.
(4) いま，Y という線量計を使って同様の条件で積算線量を測定したところ，その線量計でフルスケールまで振れるのに3分であったとすれば，線量計 Y のフルスケールは（ E ）mGy である．ただし，大気条件，方向依存性等による補正は無視するものとする．

解答　A：60，　B：0.95，　C：47.5，　D：9.5，　E：28.5

解説　(1) 半価層と実効エネルギーの間には，問題中の右図に示す関係がありますから，銅の半価層を示す縦軸の 0.5 より右に線を延ばして，曲線と交わった点の横軸を読めば実効エネルギーは 60 kV$_{eff}$ ということがわかります.

(2) 線量の測定器は，放射線のエネルギーによって感度が一様になりませんので，放射線のエネルギーによっては測定器の指示値が真の値を示しません.

ここで，真の値を I_0，指示値を I，校正定数を K としますと $I_0/I = K$ と表すことができます.

この式は，また

2.3 サーベイメータの原理・構造と特徴

$$I_0 = I \times K$$
（真の値）＝（指示値）×（校正定数）
　　　　　　（メータ）

と書き換えることができます．

　この測定器の校正定数と実効エネルギーとの関係は，問題中の左図に示されるように，横軸の実効エネルギーの $60\,\mathrm{kV_{eff}}$ から垂直に直線を延ばし，曲線と交わる点の縦軸を読むと 0.95 になり，これが校正定数で $K=0.95$ となります．そこで真の値 I_0 は

$$I_0 = 50 \times 0.95 = 47.5\,\mathrm{mGy}$$

と求められます．

(3) 線量率というのは，線量の時間に対する割合ですから

$$線量率 = \frac{線量}{時間} = \frac{47.5\,\mathrm{mGy}}{5\,\mathrm{min}} = 9.5\,\mathrm{mGy/min}$$

となります．

(4) (3) と同じ条件ですから，線量率は 1 分間当り 9.5 mGy となります．この線量計では，この条件で 3 分間経つと針は最大値（フルスケール）まで振れるので，この積算線量は線量率にフルスケールまで振れる時間の積で求められます．すなわち

$$積算線量（線量計のフルスケール）= 9.5\,\mathrm{mGy/min} \times 3\,\mathrm{min} = 28.5\,\mathrm{mGy}$$

となります．

例題 6 次の文章の（　）中に適切な数値を記入しなさい．

　ある電離箱式サーベイメータをコバルト 60（$7.4 \times 10^7\,\mathrm{Bq}$）で校正したところ，フルスケールまで指針が振れるのに 23 分を要した．このときの電離箱の実効中心とコバルト 60 線源間の距離は 1 m であった．このコバルト 60 線源の $3.7 \times 10^7\,\mathrm{Bq}$ から 1 m の距離における線量率を 13 μGy/h とすれば，このサーベイメータのフルスケールは（ A ）μGy である（小数点 2 位以下は読取り誤差と考え四捨五入すること）．

　このサーベイメータを用いて実効波長 0.0248 nm のエックス線（実効エネルギー（ B ）kV）の線量率を測定したところ，フルスケールに指針が振れるのに 10

2章 エックス線の測定

分を要した．このとき測定されたエックス線の線量率は（ C ）μGy/hであるが，このエックス線に対する校正定数が 0.85 であるので，真の線量率は（ D ）μGy/h となる．

解答 A：10, B：50, C：60, D：51

解説 （1）線源の強さと線量率の大きさは比例します．したがって，コバルト60線源の 3.7×10^7 Bq から 1 m の距離における線量率が 13 μGy/h ですから，7.4×10^7 Bq では 26 μGy/h になります．この線源でフルスケールまで指針が振れるのに 23 分間かかったのですから，

$$26 \, \mu\text{Gy/h} \times \frac{23}{60} = 9.966 \fallingdotseq 10 \, \mu\text{Gy}$$

（2）実効波長 λ と実効エネルギー E との間には次の式が成り立ちますから，

$$E = \frac{1.24}{\lambda} = \frac{1.24}{0.0248} = 50 \, \text{kV}$$

となります．

（3）フルスケールが 10 μGy で，フルスケールに指針が振れるのに 10 分間かかったのですから，線量率は，

$$\frac{10 \, \mu\text{Gy}}{(10/60)/\text{h}} = 60 \, \mu\text{Gy/h}$$

となり，真の線量率 I_0 は，校正定数 $K = 0.85$ なので，

$$I_0 = KI = 0.85 \times 60 = 51 \, \mu\text{Gy/h}$$

となります．

例題7 次の文章の（ ）の中に入る数値を選びなさい．
GM計数管で，時定数を 3 秒に設定して測定したところ，240 cpm の値を示した．そのときの測定値の統計誤差（相対標準偏差）は約（ ）％である．
① 6　② 14　③ 20　④ 23　⑤ 29

解答 ③

解説 （1）1秒間当りの計数率を n〔cps〕，時定数を τ〔s〕とすると，測定値の統計誤差（相対標準偏差）は，$1/\sqrt{2n\tau}$ で与えられます．

2.3 サーベイメータの原理・構造と特徴

(2) 測定値は，1分当りの計数率240〔cpm〕ですから，nは，

$$n = \frac{240 \text{〔c/m〕}}{60 \text{〔s/m〕}} = 4 \text{〔c/s, (cps)〕}$$

となります。

(3) 時定数 $\tau = 3$，計数率 $n = 4$ を代入して，

$$\frac{1}{\sqrt{2n\tau}} = \frac{1}{\sqrt{2 \times 4 \times 3}} = \frac{1}{\sqrt{24}} \fallingdotseq 0.2041$$

となり，約20％となります。

例題8 エックス線に係る管理区域を設定するための測定には，電離箱式線量計が適しているといわれているが，次の文章のうち，その理由として最も適切なものはどれか．
(1) 方向依存性がほかの方式にくらべて少ない．
(2) 感度がほかの方式より良く，低線量も正しく測定できる．
(3) 線質依存性があるが，エックス線のエネルギー範囲では影響がない．
(4) 取扱いが簡単であり，計器の保守がやさしい．
(5) 線量率と線量が同時に記録できる．

解×答 (1)

解説 電離箱式照射線量計として用いられるのは積算線量計です．この線量計は，方向依存性はほかのものにくらべて良好です．しかし感度は，電離箱式であるために特に良いとはいえません．線質依存性はほかのものにくらべて一般には良好ですが，普通のエックス線のエネルギー範囲では良好とはいえません．高感度の電位計で測定しますから，湿度などによるリークを防止したり，振動などを与えたりしないよう慎重な取扱いが必要です．線量と線量率は同時に記録できないのが普通です．

例題9 次の文章の（ ）の中に入る語句を選びなさい．
GM管型サーベイメータの特徴は，感度が（ A ），線質特性は，（ B ）．陰極の材料にもよるが，500 keV以上では，（ C ）により陰極管壁から放出される二次電子によって計数し，この範囲では，照射線量率にほぼ比例した読みを与える

が，これより低エネルギー，例えば100 keV付近では（ D ）によって感度が急に（ E ）なる．
A：①高く　②低く
B：①非常によい　②あまりよくない
C：①コンプトン効果　②光電効果
D：①コンプトン効果　②光電効果
E：①大きく　②小さく

解答　A：①，　B：②，　C：①，　D：②，　E：①

解説　GM管式サーベイメータは，放射線によって管内にできたイオン対を，ガス増幅により，最初のイオン対の数に無関係にほぼ一定出力の電気パルスにして検出するものです．特徴としては，感度が高く，線質特性はあまり良くありません．陰極の管壁材料にもよりますが，500 keV以上ではコンプトン効果によって陰極管壁から放出される二次電子により計数します．また，この範囲では照射線量率に比例しますが，100 keV付近では光電効果によって感度が急に大きくなります．

例題10　次の文章はシンチレーション計数管式サーベイメータについて述べたものである．（　）の中に入る語句を選びなさい．
NaI（Tl）シンチレータと計数率計を組み合わせたシンチレーション計数管式サーベイメータは，エネルギーの非常に（ A ）エックス線の検出器として優れた検出効率をもち，電離箱型サーベイメータにくらべてエネルギー依存性が非常に（ B ）．
①大きい　②小さい

解答　A：②，　B：①

解説　シンチレータ（蛍光体，普通は固体のNaI（Tl）結晶）は，固体または液体であるため計数率が高く，また，分解時間が短くなります．このため，数え落しがありません．サーベイメータとして使用した場合は，エネルギー依存性が大きく，また，微弱な放射線の検出に適しています．

2.4 個人線量計の原理・構造と特徴

① 測定器の種類と原理

① フィルムバッシ……写真作用
② 直読式ポケット線量計……電離作用
③ ポケットチェンバ……電離作用
④ 蛍光ガラス線量計……光蛍光作用
⑤ 熱ルミネッセンス線量計……熱刺激蛍光作用
⑥ 光刺激ルミネッセンス線量計……光刺激蛍光作用
⑦ 半導体式ポケット線量計・アラームメータ……電離作用
⑧ 荷電蓄積式線量計……電離作用

② 個人線量計の構造と取扱い

フィルムバッジ　　図4・12に示すように，金属のフィルタをつけたケースにフィルムを入れた構造のものです．エックス線作業者が作業を行う際に胸部につけておき，普通は1か月後に現像して，被ばく線量がわかっている標準フィルムと濃度を比較することによって，その期間中に受けた被ばく線量を推定します．金属フィルタをつけるのは，同じ照射線量でも線質（エネルギー）によって濃度が異なるので（これを**線質依存性**といいます），これを補正するためです．JISでは，エックス線用のフィルムバッジの窓にはアルミニウムおよび銅のフィルタをつけるように定めています．フィルムの現像および線量の算定は，専門の機関に依頼します．

測定範囲は0.1～7 mSvで，比較的長期間（1か月間）の測定に適しており，線量データを永久保存できます．ただし，湿度70％以上となると**潜像退行現象**（フェーディング：像が薄くなること）が大きくなり，また，使用時の温度や湿度にも影響され，高温・高湿の環境ではフィルムにかぶりを生ずることがあるため，注意が必要です．

なお，フィルムバッジは軽量，安価なことから，広く使用されてきましたが，

2章　エックス線の測定

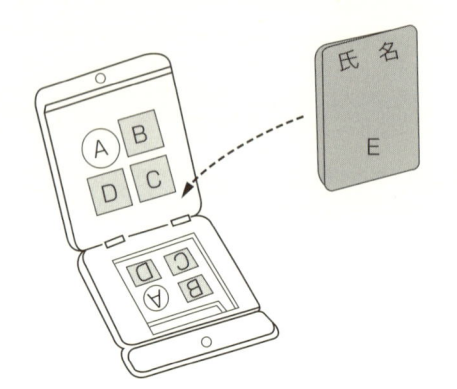

エックス線用のフィルタX-1型
（エネルギー範囲23～80 keV）

A：フィルタなし
B：Al 1.4 mm
C：Cu 0.2 mm + Al 1.2 mm
D：Pb 2.0 mm

EをA，B，C，Dに重ねてふたをして着用します．
Eには着用者の名を記入します．

図2・12　フィルムバッジ

現在ではほとんど使用されなくなり，代わりにOSL線量計やDIS線量計が多く使用されています．ただし，まだ試験には出題されることがありますので，特徴は覚えておいてください．

直読式ポケット線量計（PD型）　図2・13にその構造を示します．図からわかるように，電離槽を中央にもった直読式の検電器です．大きさは直径13 mm，長さ約97 mmの万年筆形をしており，付属の器具として荷電器が必要になります．

　水晶糸は充電された電荷に応じて先端がY字状に開きます．電離箱内に放射線が入射すると気体が電離し，その結果，電荷が放電してY字状の検電器が閉じます．この様子を，接眼レンズを通して目盛焦点板から読み取ります．

　測定範囲は0.01～5 mSvで，測定する線量の大きさで数種類の線量計が準備されています．常時線量を確認できる利点はありますが，機械的振動，衝撃に弱く，また，湿気などで自然放電（フェーディング）が生じやすく，取扱いには注意が必要です．また，40～70 keV付近で最高感度を示すエネルギー依存性があることにも配慮する必要があります．

ポケットチェンバ（PC型）　図2・14にその構造を示します．大きさは，外径12～13 mm，長さ約120 mmで，プラスチックやエボナイトでできた万年筆形をしています．付属の器具としては，チャージャ・リーダが必要となります．

　直読はできませんが，基本的性能はPD型とほとんど同じです．堅牢性の点で

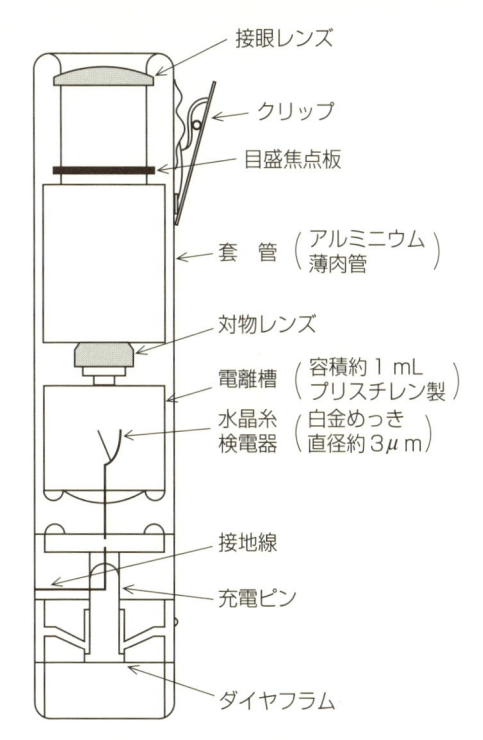

2.4 個人線量計の原理・構造と特徴

図2・13 直読式ポケット線量計（PD型）

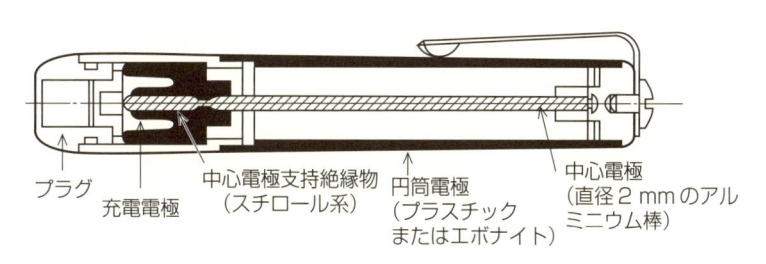

（図中ラベル：接眼レンズ、クリップ、目盛焦点板、套管（アルミニウム薄肉管）、対物レンズ、電離槽（容積約1 mL プリスチレン製）、水晶糸検電器（白金めっき 直径約3μm）、接地線、充電ピン、ダイヤフラム）

図2・14 ポケットチェンバ（PC型）

（図中ラベル：プラグ、充電電極、中心電極支持絶縁物（スチロール系）、円筒電極（プラスチックまたはエボナイト）、中心電極（直径2 mmのアルミニウム棒））

はPD型よりも優れています．

　なお，直読式ポケット線量計，ポケットチェンバとも，半導体式線量計の普及によって，現在はあまり使用されなくなっています．

2章　エックス線の測定

蛍光ガラス線量計　紫外線をあてると，受けた放射線量に比例した強さのオレンジ色の蛍光を発するガラス（銀活性アルカリアルミナリン酸塩ガラス）を利用した線量計です（図2・15）．蛍光ガラスの寸法は数mm程度で，バッジだけでなく，リングとして手足の指先に取り付けることもできます．

図2・15　蛍光ガラス線量計（バッジ）

測定範囲は1μSv～30Svと広く，感度も高いのですが，エネルギー依存性があるのでフィルタを使用して感度補正を行います．ガラスであるため，水中でも使用でき，線量を読み取ってもガラスの蛍光中心は消えないので，そのまま線量を積算することができます．蓄積された情報は420℃で約30分アニーリング（加熱）すれば消すことができ，再び使用することができます．フェーディング（退行現象）はほとんどありませんが，照射後，蛍光ガラスを日光や蛍光灯の光に長時間さらすと，フェーディングが大きくなる傾向があるので注意が必要です．

熱ルミネッセンス線量計（TLD）　加熱すると吸収した放射線のエネルギーに比例した光を発する熱ルミネッセンス物質（$CaSO_4$(Tm)など）を利用した線量計です（図2・16）．ガラス線量計と同様に，バッジだけでなく，リングとして手足の指先に取り付けることもできます．

測定範囲は1μSv～10^2Svと広く，感度も高いのですが，エネルギー依存性があるのでフィルタを使用して感度補正を行います．フェーディングが少なく，400～500℃でアニーリングすれば繰り返し使用ができます．ただし，加熱に失敗すると再度読み取ることができなくなるので注意が必要です．

光刺激ルミネッセンス（OSL）線量計　光を照射すると吸収した放射線のエネルギーに比例した光を発する輝尽発光物質（α-酸化アルミニウムなど）を利用した線量計（図2・17）です．現在では，フィルムバッジに代わって広く用いられています．

2.4 個人線量計の原理・構造と特徴

図2・16 熱ルミネッセンス線量計（リング）

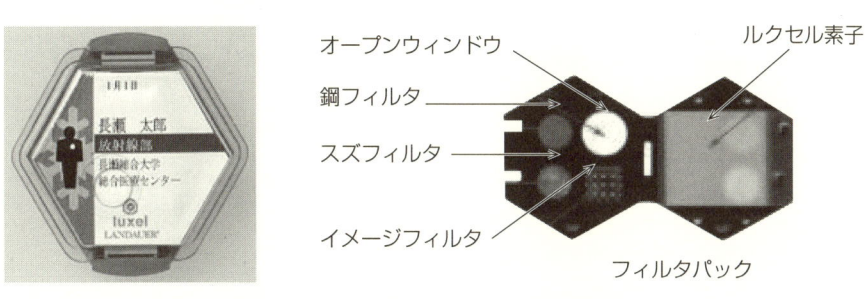

図2・17 光刺激ルミネッセンス線量計

エックス線の線量測定範囲は 10 μSv～10 Sv と広いのですが，エネルギー依存性があるのでフィルタを使用して感度補正を行います．フェーディングがきわめて少なく小さく，光学的アニーリングを行うことで繰り返し測定ができ，温度・湿度の影響をあまり受けません．

＊電子式ポケット線量計＊　検出器に PN 接合型 Si 半導体を用いた線量計です（図2・18）．軽量（50 g 程度）で，コイン型電池で 1 か月程度の連続使用が可能です．

デジタル表示で，測定範囲は 1～9 999 μSv であり，常時，必要に応じて被ばく線量を直読できます．警報レベルを設定し，被ばく線量が設定レベルに達すると警報音を発する線量計をアラームメータといいます．使用できるエックス線のエネルギー範囲は 50 keV～3 MeV です．電磁波により誤動作することがありますので注意を要します．

＊荷電蓄積式（DIS）線量計＊　DIS（Direct Ion Storage）線量計は不揮発性メモリ素子 MOSFET 構造で，アナログ量を記憶できる Analog EEPROM（フラッシュメモリ）を応用した電離箱式線量計です．構造を図2・19の右図に示します．エックス線を照射すると，器壁との相互作用で発生した二次電子が器壁内の気体を電離します．電離電子はフローティングゲートに集められ，陽電荷を緩

2章 エックス線の測定

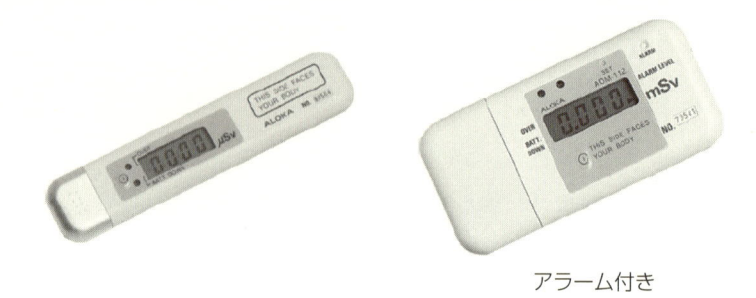

アラーム付き

図2・18　電子式ポケット線量計

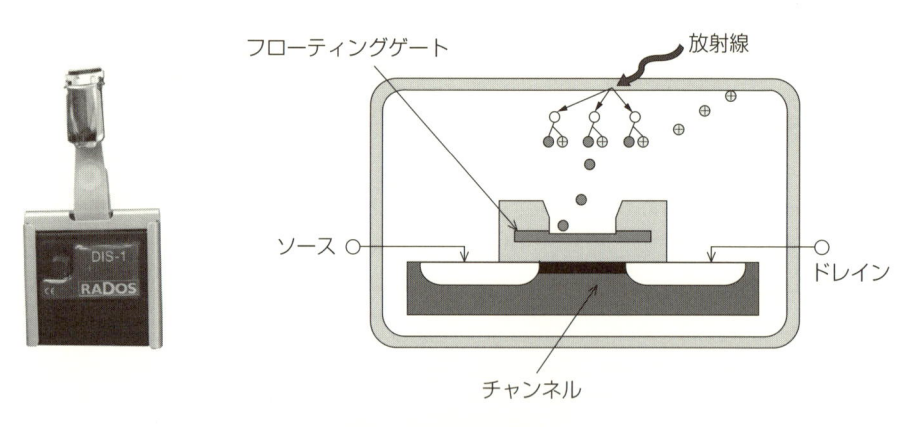

図2・19　DIS線量計

和します．この緩和電気量を専用の読取装置で読み取り，被ばく線量として表示するもので，OSL線量計とともに個人の被ばく管理用として広く用いられています．

1 cm および 70 μm 線量当量の測定が可能で，測定範囲は，1 cm 線量当量で 1 μSv ～ 40 Sv，70 μm 線量当量で 10 μSv ～ 40 Sv です．防水性があり，また，半導体式と違って電磁場，電波の影響を受けません．使用できるエックス線のエネルギー範囲は 6 keV ～ 9 MeV です．

③ 個人線量計の特性のまとめ

表2·3と表2·4に個人線量計の特性のまとめを示します．

2.4 個人線量計の原理・構造と特徴

表2・3 個人線量計の特性(その1)

	フィルムバッジ	直読式ポケット線量計	ポケットチェンバ	蛍光ガラス線量計
測定可能なX線の下限((H1cm)μSv)	100 μSv 以上	～10 μSv	～10 μSv	～1 μSv
1個(組)で測定可能な範囲((H1cm)μSv)	100～7 000	10～1 000 20～2 000 50～5 000 外国品 1 Sv	10～500 20～2 000 80～3 000 250～25 000 500～50 000	1 μSv～ 30 Sv
照射線量に対するエネルギー特性	大	小	小	中
線量記録の保存性	有	無	無	有
着用中の自己監視	不可	可	不可	不可
機械的堅牢さ	大	小	中	中
湿度の影響	大	大	大	小
必要な附属設備	現像設備濃度計など	チャージャ	チャージャリーダ	蛍光測定器ガラス洗浄器
フェーディング	中	大	大	小

表2・4 個人線量計の特性(その2)

	熱ルミネッセンス線量計	光刺激ルミネッセンス(OSL)線量計	半導体式ポケット線量計	荷電蓄積式DIS線量計
測定可能なX線の下限((H1cm)〔μSv〕)	～1 μSv	～10 μSv	～1 μSv	1 μSv
1個(組)で測定可能な範囲((H1cm)〔μSv〕)	1 μSv～100 Sv	10 μS～10Sv	0.01～99.99 1～9999	(H1cm) 1 μSv (H70μm) 10 μSv～ 40Sv
照射線量に対するエネルギー特性	中	中	中	中
線量記録の保存性	無	無	無	有
着用中の自己監視	不可	不可	可	不可
機械的堅牢さ	中	中	中	中
湿気の影響	中	中	中	中
必要な附属設備	熱ルミネッセンス測定器	専用の読取装置	無	専用の読取装置
フェーディング	中	小	小	中

2章　エックス線の測定

例題 11 次の文は放射線測定器の特徴を述べたものです．該当する測定器を選びなさい．
（1）落としたり，ぶつけたりした場合などに機械的衝撃に強い．（ A ）
（2）被ばくした放射線の線質の判定が可能である．（ B ）（ C ）
（3）装着中，湿度の影響を受けない．（ D ）
（4）装着中，時間および場所のいかんを問わず，装着者が被ばく線量を監視できる．（ E ）
①フィルムバッジ　　②蛍光ガラス線量計　　③直読式ポケット線量計
④ポケットチェンバ

解答　A：①，　B：①または②，　C：②または①，　D：②　E：③
解説　（1），（2），（3）の特性をもっている測定器としてはフィルムバッジ，また，（2）の特性をもっている測定器には蛍光ガラス線量計があります．（4）としては直読式ポケット線量計があります．

2.5 問題演習

出題傾向 ➡ ➡ ➡

「測定」に関する問題では，エックス線に関する測定の単位，放射線測定器の原理，構造，特徴などから出題されています．配点は100点満点中の25点で，サーベイメータの測定値の校正に関する計算問題，時定数に関する問題など，測定方法に係わる問題も数題出題されますので，測定方法の原理などについてもよく理解しておく必要があります．

重要事項 ➡ ➡ ➡

- **測定に関する単位**　空気カーマおよび吸収線量の単位は同じでGy，等価線量はSv，$1\,\text{Sv} = 1\,\text{Gy} \times Q \times N$，エックス線では$Q = 1$，$N = 1$として，$1\,\text{Sv} = 1\,\text{Gy}$としてよい．
- **放射線測定器の原理，構造，特徴**　電離作用を利用したもの：電離箱・比例計数管・GM計数管・半導体検出器，蛍光作用を利用したもの：シンチレーション計数管，写真作用を利用したもの：フィルムバッジ，化学作用を利用したもの：化学線量計，蛍光作用を利用するもの：熱ルミネッセンス線量計・ガラス線量計・光刺激ルミネッセンス線量計，電離作用を利用した測定器の高電圧電極にかける電圧とパルスの関係を示したグラフ，G値，W値，プラトー特性，フェーディング，窒息現象，グロー曲線，飽和特性，ガス増幅などの意味．
- **放射線測定の原理**　サーベイメータの校正方法，計数率，数え落とし，分解時間，時定数．

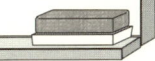

問 1　放射線の量と単位に関する次の記述のうち，誤っているものはどれか．

(1) 吸収線量は，あらゆる種類の放射線の照射により，単位質量の物質に付与されたエネルギーをいい，単位はJ/kgで，その特別な名称としてGyが用いられる．

(2) 照射線量は，あらゆる種類の放射線の照射により，単位質量の物質中に生成された電荷の総和を表し，単位はC/kgである．

(3) カーマは，エックス線などの間接電離放射線の照射により，物質の単位質量中に生じた全荷電粒子の初期運動エネルギーの総和であり，単位はJ/kgで，その特別な名称としてGyが用いられる．

2章　エックス線の測定

(4) 等価線量は，人体の特定の組織が受けた吸収線量に，放射線の線質に応じて定められた放射線荷重係数を乗じたもので，単位はJ/kgで，その特別な名称としてSvが用いられる．

(5) 実効線量は，人体の各組織が受けた等価線量に，組織ごとの相対的な放射線感受性を示す組織荷重係数を乗じ，これらを合計したもので，単位はJ/kgで，その特別な名称としてSvが用いられる．

問2 放射線防護のための線量の算定に関する次のAからDまでの記述について，正しいものすべての組合せは（1）～（5）のうちどれか．

A　外部被ばくによる実効線量は，1 cm線量当量および70 μm線量当量を用いて算定する．
B　皮膚の等価線量は，エックス線については70 μm線量当量により算定する．
C　眼の水晶体の等価線量は，放射線の種類およびエネルギーに応じて，1 cm線量当量または70 μm線量当量のうちいずれか適切なものにより算定する．
D　妊娠中の女性の腹部表面の等価線量は，70 μm線量当量により算定する．

(1) A, B, D　　(2) A, C　　(3) B, C　　(4) B, C, D　　(5) B, D

問3 気体の電離作用を利用した放射線検出器の電極間の印加電圧と発生するイオン対の数との関係を表す曲線は，特徴あるいくつかの領域に分かれる．これらの領域と関係の深い事項との組合せとして，誤っているものは次のうちどれか．

(1) 再結合域……………制限比例域
(2) 電離箱域……………飽和域
(3) 比例計数管域………ガス増幅
(4) ガイガー放電域……電子なだれ
(5) 連続放電域…………コロナ放電

問4 次のAからDまでの放射線検出器のうち，気体の電離を利用したものの組合せは（1）～（5）のうちどれか．

A　GM計数管　　　　　B　シンチレーション計数管
C　熱ルミネッセンス線量計　D　比例計数管

(1) A, B　　(2) A, D　　(3) B, C　　(4) B, D　　(5) C, D

問5 次のAからDまでの放射線検出器のうち，気体増幅（ガス増幅）を利用しているものの組合せとして，正しいものは（1）～（5）のうちどれか．

2.5 問題演習

A 電離箱　B 比例計数管　C GM計数管　D 半導体検出器
(1) A, B　(2) A, D　(3) B, C　(4) B, D　(5) C, D

問6 あるエックス線について，サーベイメータの前面に鉄板を置き，半価層を測定したところ 4.5 mm であった．このエックス線のおよその実効エネルギーは (1)〜(5) のうちどれか．

ただし，エックス線のエネルギーと鉄の質量減弱係数との関係は下図の通りとし，$\log_e 2 = 0.693$ とする．また，この鉄板の密度は 7.8 g/cm^3 とする．

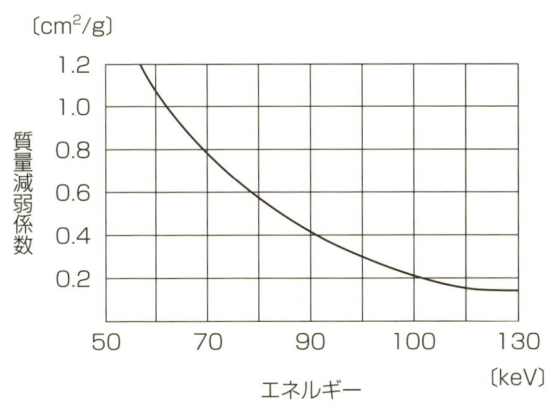

[グラフ: 横軸 エネルギー [keV] (50〜130), 縦軸 質量減弱係数 [cm^2/g] (0.2〜1.2)]

(1) 60 keV　(2) 70 keV　(3) 80 keV　(4) 90 keV　(5) 110 keV

問7 計数管を用いたサーベイメータによる測定に関する次の文中の（　）内に入れる A から C の語句の組合せとして，正しいものは (1)〜(5) のうちどれか．

「計数管の積分回路の時定数の値を（　A　）すると，指針のゆらぎが小さくなり，指示値の相対標準偏差は（　B　）なるが，応答は（　C　）なる．」

	A	B	C
(1)	大きく	大きく	速く
(2)	小さく	小さく	遅く
(3)	大きく	小さく	遅く
(4)	小さく	大きく	速く
(5)	大きく	小さく	速く

問8 あるサーベイメータを用いて，同一のエックス線を測定するとき，時定数を T_A 秒に設定した場合 (A) と，T_B 秒に設定した場合 (B) とを比較した次の記述のう

2章　エックス線の測定

ち，誤っているものはどれか．
ただし，$T_B = 10\, T_A$ とし，AおよびBにおいて時定数以外の条件には変化はないものとする．
（1）応答速度は，AよりBのほうが遅い．
（2）計数率の標準偏差は，Aにおいては，Bにおける値の1/10である．
（3）計数率の相対標準偏差は，Aにおいては，Bにおける値の$\sqrt{10}$倍である．
（4）計数率の指示値の揺れは，AよりBのほうが小さい．
（5）計数率が小さいエックス線の測定には，一般にAよりBのほうが適している．

問⑨　次の文中の（　）内に入れるAおよびBの数字の組合せとして，正しいものは（1）〜（5）のうちどれか．

「^{60}Coの標準線源を用い線源から1mの場所で積算型電離箱式サーベイメータの校正を行ったところ，指針がフルスケールまで振れるのに11分50秒を要した．
このサーベイメータを用いて，ある場所で波高値による管電圧100kVのエックス線装置によるエックス線（最短波長は（　A　）nm）の測定を行ったところ，フルスケールになるのに90秒を要した．
このエックス線に対するサーベイメータの校正定数を0.96とすれば，このときの真の1cm線量当量率は，約（　B　）μSv/hである．
ただし，この標準線源から1mの場所における空気カーマ率は2.3×10^{-5}Gy/hで，空気カーマから1cm線量当量への換算係数は1.1Sv/Gyとする．」

	A	B
(1)	3.65×10^{-2}	210
(2)	3.18×10^{-2}	210
(3)	3.18×10^{-2}	190
(4)	1.24×10^{-2}	210
(5)	1.24×10^{-2}	190

問⑩　下の文中の（　）内A，Bに入れる数字の組合せとして，正しいものは（1）〜（5）のうちどれか．

「フルスケールが10μSvの積算型の電離箱式サーベイメータを用いて，管電圧（　A　）kVのエックス線装置によるエックス線（最短波長は0.0248 nm）について測定を行ったところ，フルスケールまで指針が振れるのに12分を要した．
このエックス線に対するサーベイメータの校正定数を0.95とすれば，このときの真の1cm線量当量率は，約（　B　）μSv/hである．」

2.5 問題演習

	A	B
(1)	50	48
(2)	50	52
(3)	100	48
(4)	100	50
(5)	100	52

問11 GM 計数管式サーベイメータによりエックス線を測定し，1 200 cps の計数率を得た．
GM 計数管の分解時間が 100 μs であるとき，真の計数率（cps）に最も近いものは次のうちどれか．

　(1) 1 060　　(2) 1 070　　(3) 1 340　　(4) 1 360　　(5) 1 440

問12 放射線の測定等の用語に関する次の記述のうち，誤っているものはどれか．
(1) フェーディングとは，積分型の測定器において，放射線が入射して作用した時点からの時間経過に応じて線量の読み取り値が減少していく現象をいう．
(2) エネルギー分解能とは，放射線測定器の応答が放射線エネルギーに依存する程度を表す値をいう．
(3) GM 計数管の動作曲線において，印加電圧の変動が計数率にほとんど影響を与えない範囲をプラトーといい，プラトーが長く，傾斜が小さいほど，計数管としての性能は良い．
(4) GM 計数管が放射線の入射により一度作動し，一時的に検出能力が失われた後，出力波高値が正常の波高値にほぼ等しくなるまでに要する時間を回復時間という．
(5) 放射線が気体中で 1 対のイオン対をつくるのに必要な平均エネルギーを W 値といい，放射線の種類やエネルギーにあまり依存せず，気体の種類に応じてほぼ一定の値をとる．

問13 放射線の測定等の用語に関する次の記述のうち，誤っているものはどれか．
(1) 数え落としは，入射放射線の線量率が低く測定器の検出限界に達しないことにより計測されないことをいう．
(2) 方向依存性とは，放射線の入射方向により検出器の感度が異なることをいう．
(3) 測定器の積分回路の時定数は，測定器の指示の即応性に関係した定数で，時定数の値を大きくすると応答速度は遅くなるが，指針のゆらぎは小さくなる．
(4) GM 計数管の動作曲線において，印加電圧の変動が計数率にほとんど影響を与え

2章　エックス線の測定

ない範囲をプラトーといい，プラトーが長く，傾斜が小さいほど，計数管としての性能は良い．

(5) 計測器がより高位の標準器または基準器によって次々と校正され，国家標準につながる経路が確立されていることをトレーサビリティといい，放射線測定器の校正は，トレーサビリティのある基準測定器または基準線源を用いて行う必要がある．

問⑭　放射線検出器とそれに関係の深い事項との組合せとして，正しいものは次のうちどれか．

(1) GM 計数管 …………………… グロー曲線
(2) 比例計数管 …………………… 窒息現象
(3) シンチレーション検出器 ……… アニーリング
(4) 半導体検出器 ………………… 空乏層
(5) 化学線量計 …………………… W 値

問⑮　サーベイメータに関する次の記述のうち，正しいものはどれか．

(1) 電離箱式サーベイメータは，取扱いが容易で，測定可能な線量の範囲が広いが，他のサーベイメータに比べ方向依存性が大きく，また，バックグラウンド値が大きいことに注意する必要がある．
(2) シンチレーション式サーベイメータは，感度が良く，自然放射線レベルの低線量率の放射線をも検出することができるので，エックス線装置の遮へいの欠陥を調べるのに適している．
(3) GM 計数管式サーベイメータは，300 mSv/h 程度の線量率まで効率良く測定できるので，利用線錐中のエックス線の 1 cm 線量当量率の測定に適している．
(4) GM 計数管式サーベイメータは，湿度の影響を受けやすく，機械的に不安定なので，取扱いに注意する必要がある．
(5) 半導体式ポケットサーベイメータは，エネルギー特性が良く，30 keV 以下の低エネルギーのエックス線の測定には最も適している．

問⑯　エックス線の測定に用いる電離箱に関する次の記述のうち，誤っているものはどれか．

(1) 電離箱の電極の形には，平行平板型，円筒型，球形型などがある．
(2) 電離箱は，入射放射線の一次電離により生成されたイオン対が再結合することなく，また二次電離を起こすこともなく電極に集められる領域の印加電圧で用いら

れる.
(3) 電離箱は，構造が簡単で，機械的衝撃や，温・湿度の変化の影響を受けにくい．
(4) 電離箱による測定では，気体増幅は利用されていない．
(5) 電離電流を測定することにより，空気カーマ率を算定することができる電離箱には，壁材として空気等価物質を用い，空気を封入したものがある．

問⑰ エックス線の測定に用いるシンチレーション検出器に関する次の記述のうち，誤っているものはどれか．
(1) シンチレータには，微量のタリウムを含有させて活性化したヨウ化ナトリウム結晶などが用いられる．
(2) シンチレータに放射線が入射すると，紫外領域の減衰時間の長い蛍光が放出される．
(3) シンチレータに密着して取り付けられた光電子増倍管により，光は光電子に変換，増倍された後，電流パルスとして出力が得られる．
(4) 光電子増倍管から得られる出力パルス波高値には，入射放射線のエネルギーの情報が含まれている．
(5) 光電子増倍管の増倍率は，印加電圧に依存するので，光電子増倍管に印加する高圧電源は安定化する必要がある．

問⑱ GM計数管に関する次の記述のうち，正しいものはどれか．
(1) GM計数管には，電離気体として，空気が封入されている．
(2) GM計数管では，放射線のエネルギーを分析することができない．
(3) プラトーが長く，その傾斜が大きいほど，計数管としての性能が良い．
(4) 一般に，分解時間は，回復時間より長い．
(5) エックス線に対する計数効率は，10〜20％である．

問⑲ 蛍光ガラス線量計に関する次の記述のうち，誤っているものはどれか．
(1) 素子には銀活性リン酸塩ガラスが用いられる．
(2) 放射線照射により形成された蛍光中心に紫外光を当て，生じる蛍光を測定することにより線量を読み取る．
(3) 一度線量を読み取ると，蛍光中心は消えてしまうので，再度読み取ることはできない．
(4) 高温下でのアニーリング処理により，素子は繰り返し使用することができる．
(5) フェーディングはきわめて小さい．

2章 エックス線の測定

問20 次のAからDまでのエックス線と，その測定に用いるサーベイメータの種類について，適切なものの組合せは（1）〜（5）のうちどれか.
A 散乱線を多く含むエックス線…電離箱式サーベイメータ
B 200 mSv/h 程度の高線量率のエックス線…GM 計数管式サーベイメータ
C 0.1 μSv/h 程度の低線量率のエックス線…シンチレーション式サーベイメータ
D 10 keV 程度の低エネルギーのエックス線…半導体式ポケットサーベイメータ
　（1）A, B　　（2）A, C　　（3）B, C　　（4）B, D　　（5）C, D

問21 放射線のエネルギー分析に適している放射線検出器の組合せとして，正しいものは次のうちどれか.
（1）電離箱　　　　GM 計数管　　　　　シンチレーション検出器
（2）電離箱　　　　GM 計数管　　　　　半導体検出器
（3）GM 計数管　　比例計数管　　　　　シンチレーション検出器
（4）GM 計数管　　シンチレーション検出器　半導体検出器
（5）比例計数管　　シンチレーション検出器　半導体検出器

問22 被ばく線量測定のための放射線測定器に関する次の記述のうち，誤っているものはどれか.
（1）フィルムバッジは，各フィルタによるフィルムの濃度変化から，被ばく放射線の実効エネルギーを推定することができる.
（2）熱ルミネッセンス線量計は，放射線照射後，素子を加熱することによって発する蛍光の強度から線量を読み取る線量計で，線量の読み取りは，再加熱することにより繰り返し行うことができる.
（3）電荷蓄積式（DIS）線量計は，放射線の入射に伴い，不揮発性メモリ素子（MOSFET トランジスタ）に電荷が蓄積されることを利用した線量計である.
（4）蛍光ガラス線量計は，放射線照射により形成された蛍光中心に紫外光を当て，生じる蛍光を測定することにより線量を読み取る線量計で，素子には銀活性リン酸塩ガラスが用いられている.
（5）半導体式ポケット線量計は，放射線の固体内での電離作用を利用した線量計で，検出器として PN 接合型 Si 半導体が用いられている.

問23 被ばく線量測定のための放射線測定器に関する次の記述のうち，誤っているものはどれか.

2.5 問題演習

(1) 熱ルミネッセンス線量計は，放射線照射後，素子を加熱することによって発する蛍光量から被ばく線量を求める線量計である．
(2) PD 型ポケット線量計は，充電により先端が Y 字状に開いた石英繊維が放射線の入射により閉じてくることを利用した線量計である．
(3) 光刺激ルミネッセンス（OSL）線量計は，輝尽性発光を利用した線量計で，検出素子には炭素添加酸化アルミニウムが用いられている．
(4) フィルムバッジは，写真乳剤を塗付したフィルムを現像したときの黒化度により被ばく線量を評価する測定器で，バックグラウンドの影響を除去するために，フィルタが用いられている．
(5) 半導体式ポケット線量計は，1 cm 線量当量に対応したデジタル表示の線量計で，検出器として PN 接合型 Si 半導体が用いられている．

問24 個人被ばく線量測定用の放射線測定器である直読式ポケット線量計，フィルムバッジおよび蛍光ガラス線量計の特徴を比較した下表中の A から C に該当する測定器の組合せとして正しいものは (1)～(5) のうちどれか．

特徴＼放射線測定器	A	B	C
エネルギー依存性	大	小	中
フェーディング	中	大	小
機械的堅牢さ	大	小	中

	A	B	C
(1)	直読式ポケット線量計	フィルムバッジ	蛍光ガラス線量計
(2)	直読式ポケット線量計	蛍光ガラス線量計	フィルムバッジ
(3)	フィルムバッジ線量計	直読式ポケット線量計	蛍光ガラス
(4)	フィルムバッジ線量計	蛍光ガラス線量計	直読式ポケット
(5)	蛍光ガラス線量計	直読式ポケット線量計	フィルムバッジ

問25 フィルムバッジ（FB）と光刺激ルミネッセンス線量計（OSL）に関する次の記述のうち，正しいものはどれか．
(1) FB のほうが OSL より機械的強度が大きい．
(2) FB のほうが OSL より湿度の影響を受けにくい．
(3) FB のほうが OSL より測定可能な線量の範囲が広い．
(4) FB のほうが OSL より測定可能な下限線量が小さい．
(5) OSL の検出素子は一回しか使用することができないが，FB のフィルムは再使用が可能である．

2章　エックス線の測定

問26　フィルムバッジと蛍光ガラス線量計を比較した場合，蛍光ガラス線量計の特長とされる事項として，誤っているものは次のうちどれか．
(1) フェーディングが小さい．
(2) 素子の再利用が可能である．
(3) 機械的に堅牢である．
(4) 測定可能な線量の範囲が広い．
(5) 測定可能な下限線量が小さい．

問27　熱ルミネッセンス線量計（TLD）と光刺激ルミネッセンス線量計（OSL）との比較に関する次のAからDまでの記述について，正しいものの組合せは(1)～(5)のうちどれか．
A　線量読み取りのためには，TLD，OSLの双方とも，専用の読み取り装置が必要である．
B　線量読み取りのための発光は，TLDでは加熱により，OSLではレーザー光の照射により行われる．
C　線量の再読み取りは，TLDでは可能であるが，OSLでは不可能である．
D　素子の再利用は，OSLでは可能であるが，TLDでは不可能である．
　(1) A，B　　(2) A，C　　(3) B，C　　(4) B，D　　(5) C，D

問題の解答・解説

【問1】
解答　(2)
解説　(2) 誤り．照射線量は単位質量の空気中で，光子（エックス線，ガンマ線）によって生成されたすべての電子が完全に止まるまでに生成したイオン対の全電荷量をいう．
その他は正しい．

【問2】
解答　(3)
解説　A　誤り．1 cm 線量当量は実効線量の評価，70 μm 線量当量は等価線量の評価．
B，Cの記述は正しい．

2.5 問題演習

D 誤り．1 cm 線量当量により算定．

【問3】
解答 (1)
解説 (1) 誤り．「制限比例域」は「境界域」の別称．
その他は正しい．

【問4】
解答 (2)
解説 A GM計数管は電離気体による放電を利用した検出器．
B シンチレーション計数管は蛍光パルスを計数する検出器．
C 熱ルミネッセンス線量計はグロー発光から線量を読み取る線量計．
D 比例計数管は電離気体による気体増幅を利用した検出器．

【問5】
解答 (3)
解説 A 電離箱は一次イオン対を両電極に集める線量計．
D 半導体検出器は固体電離箱．

【問6】
解答 (5)
解説
① 鉄板の線減弱係数：$\dfrac{\log_e 2}{h} = \dfrac{0.693}{0.45} = 1.54\ \text{cm}^{-1}$

② 鉄板の質量減弱係数：$\dfrac{\mu}{\text{密度}} = \dfrac{1.54\ \text{cm}^{-1}}{7.8\ \text{g/cm}^3} = 0.197\ \text{cm}^2/\text{g}$

③ 読み取り値：110 keV

【問7】
解答 (3)
解説 76頁「時定数とは」参照．

【問8】
解答 (2)

2章　エックス線の測定

解説 76頁「時定数とは」参照.
(1), (3), (4), (5) は正しい.
(2) 誤り. ((3) の解説も含めて，以下の計算結果参照)

① Aの計数率の標準偏差：$\sigma_A = \sqrt{\dfrac{n}{2T_A}}$　　Bの計数率の標準偏差：$\sigma_B = \sqrt{\dfrac{n}{2T_B}}$

$T_B = 10T_A$ より，$\sigma_A = \sqrt{\dfrac{n}{2T_A}} = \sqrt{\dfrac{n}{2\times\dfrac{T_B}{10}}} = \sqrt{10}\times\sqrt{\dfrac{n}{2T_B}} = \sqrt{10}\times\sigma_B$

② Aの計数率の相対標準偏差：$\dfrac{\sigma_A}{n} = \dfrac{1}{\sqrt{2nT_A}}$　　Bの計数率の相対標準偏差：$\dfrac{\sigma_B}{n} = \dfrac{1}{\sqrt{2nT_B}}$

$T_B = 10T_A$ より，$\dfrac{\sigma_A}{n} = \dfrac{1}{\sqrt{2nT_A}} = \dfrac{1}{\sqrt{2n\times\dfrac{T_B}{10}}} = \sqrt{10}\times\dfrac{1}{\sqrt{2nT_B}} = \sqrt{10}\times\dfrac{\sigma_B}{n}$

【問9】
解答 (5)

解説 （ A ）の計算

最短波長：$\dfrac{1.24}{\text{管電圧〔kV〕}} = \dfrac{1.24}{100} = 1.24\times10^{-2}$ nm

（ B ）の計算

① 標準線源から 1 m の位置での空気カーマ率：2.3×10^{-5} Gy/h
② フルスケールになるまでに要した時間：11 分 50 秒（≒ 0.197 h）
③ フルスケールの空気カーマ（線量）：
　　　2.3×10^{-5}〔Gy/h〕$\times 0.197$〔h〕$= 0.453\times10^{-5}$ Gy
④ エックス線を測定した場合のフルスケールになるまでに要した時間：
　　　90 秒（= 0.025 h）
⑤ 100 kV のエックス線に対するサーベイメータの校正定数：0.96
⑥ 空気カーマから 1 cm 線量当量への換算係数：1.1 Sv/Gy
⑦ 真の 1 cm 線量当量率 $= \dfrac{0.453\times10^{-5}\,〔\text{Gy}〕}{0.025\,〔\text{h}〕}\times 0.96\times 1.1\,〔\text{Sv/Gy}〕 ≒ 191\,\mu\text{Sv/h}$

【問10】
解答 (1)

解説 （ A ）の計算

管電圧：$\dfrac{1.24}{\text{最短波長〔nm〕}} = \dfrac{1.24}{0.0248} = 50$ kV

2.5 問題演習

(B) の計算
① サーベイメータのフルスケール：$10\,\mu Sv$
② 50 kV エックス線に対する校正定数：0.95
③ フルスケールになるまでに要した時間：12 分（= 0.2 h）
④ 真の 1 cm 線量当量率 $= \dfrac{10\,[\mu Sv] \times 0.95}{0.2\,[h]} = 47.5\,\mu Sv/h$

【問 11】
解答 (4)
解説 ① サーベイメータの計数率の読み n：1 200 cps
② 分解時間 T：$100\,\mu s$（= 0.0001 s）
③ 真の計数率 $= \dfrac{n}{1-nT} = \dfrac{1\,200}{1-1\,200 \times 0.0001} \fallingdotseq 1\,364\,\text{cps}$

【問 12】
解答 (2)
解説 (2) 誤り．エネルギーの分解能とは，たとえば，入力エネルギーの接近した 2 本のパルスを分解して計測できる度合いをいう．
その他は正しい．

【問 13】
解答 (1)
解説 73 頁「数え落としの補正について」参照．

【問 14】
解答 (4)
解説 (1) 誤り．グロー曲線は熱ルミネッセンス線量計に関係する用語．
(2) 誤り．窒息現象は GM 計数管に関係する用語．
(3) 誤り．アニーリングは蛍光ガラス線量計，熱ルミネッセンス線量計または光刺激ルミネッセンス線量計に関係する用語．
(5) 誤り．W 値は気体の電離に関係する用語．化学線量計に関係する用語は G 値．

【問 15】
解答 (2)

2章　エックス線の測定

解説　(1) 誤り．方向依存性は小さい．微弱なバックグランド値は測定されない．
(3) 誤り．測定範囲は 300 μSv/h 程度まで．
(4) 誤り．湿度，温度の影響を受けにくく，機械的にも安定．
(5) 誤り．30 keV 以下ではエネルギー特性が極端に悪くなる．

【問 16】
解答 (3)
　解説　(3) 誤り．機械的な衝撃に弱く，温度・湿度の影響を受けやすい．
その他は正しい．

【問 17】
解答 (2)
　解説　(2) 誤り．シンチレータとして多く用いられるタリウム活性ヨウ化ナトリウム（NaI(Tl)）の場合，放射線が入射すると波長 413 nm，減衰時間の短い 230 ns の青紫色の蛍光パルスを放出．
その他は正しい．

【問 18】
解答 (2)
　解説　(1) 誤り．電離気体はアルゴン，ヘリウムなどの不活性ガス．
(3) 誤り．プラトーの傾斜は小さいほど性能が良い．
(4) 誤り．一般に，分解時間（100〜200 μs）は，回復時間（約 600 μs）より短い．
(5) 誤り．エックス線に対する計数効率は 0.1〜1％．

【問 19】
解答 (3)
　解説　(3) 誤り．蛍光中心は消えないので，再度読み取ることができる．
その他は正しい．

【問 20】
解答 (2)
　解説　表 2・2 参照．

2.5 問題演習

【問21】
解答 (5)
解説 表2·1 参照.

【問22】
解答 (2)
解説 (2) 誤り．加熱に失敗すると再度読み取ることは不可能．
その他は正しい．

【問23】
解答 (4)
解説 (4) 誤り．フィルタはエネルギー特性を補正するためのもの．
その他は正しい．

【問24】
解答 (3)
解説 表2·3 参照.

【問25】
解答 (1)
解説 表2·3 および表2·4 参照.

【問26】
解答 (3)
解説 表2·3 参照.

【問27】
解答 (1)
解説 A, B 正しい．
C 誤り．TLDは，加熱に失敗すると再読取りは不可能．OSLは再読取りできる．
D 誤り．OSL, TLDともアニーリングすることで再使用可能．

3章 エックス線の生体に与える影響

3.1 エックス線の生体の細胞に与える影響

① 細胞のエックス線感受性とは

　細胞とは，生物や動物を構成する一番もとになるものです．これにエックス線を照射すると，程度の差はあれ，なんらかの影響を受けます．この，エックス線によって影響を受けやすい，あるいは受けにくいということを，細胞のエックス線に対する**感受性**（逆にいうと，抵抗性）といいます．感受性の程度は細胞の種類によってもかなりの違いがあり，また同じ種類の細胞でも，その発達や成長過程，生活環境で著しく異なります．

② ベルゴニ・トリボンドの法則とは

　ベルゴニとトリボンドは，ガンマ線をラット（白ねずみ）の睾丸に照射してその組織を観察しました．その結果，精子のもとになる精原細胞がまず影響を受け，数ミリ Gy の照射でその半分以上が死滅し，精子は睾丸の細胞の中で最も耐性があり，数百 Gy の照射を受けてもほとんど影響を受けないことを発見しました．これは，新しい細胞は感受性が高く，成熟した細胞は感受性が低いことを示しています．このことは他の細胞にも当てはまったので，細胞に及ぼす放射線の効果を**ベルゴニ・トリボンドの法則**として表しました．

　これをまとめると，次のようになります．
① 細胞分裂の頻度の高いものほど感受性が高い．
② 将来行う細胞分裂の数の大きいものほど感受性が高い．
③ 形態および機能において未分化のものほど感受性が高い．

3章　エックス線の生体に与える影響

③ 放射線の生物学的作用は

　細胞に対する放射線の作用は，大別して二つに分けられます．**直接作用説**と**間接作用説**が唱えられていますが，それぞれ単独では説明できない場合があり，その両方が同時に起こるものと考えられています．

|直接作用説|　　放射線が細胞内の重要分子に命中して，これらの分子（標的）が直接電離するために障害を起こすと考えられます．

|間接作用説|　　放射線が水分子に作用して，反応性の高いラジカルイオンや分子が生じ，これが重要分子と反応して障害を起こすと考えられます．この作用が存在する証拠として，次のような効果があげられます．

|希釈効果|　　ウィルスや酵素の溶液に放射線を照射した場合，直接作用で説明すると，濃度が高いほど不活性化される量が増えるはずですが，そのようにはならず，薄いほうが不活性化される率が増大します．このことを**希釈効果**といい，一定線量照射によって一定数のラジカルができ，それと反応する数が一定となるためです．間接作用説の有力な証拠となります．

|その他の効果|
（1）酸素効果　酸素は放射線作用を増大させます（直接・間接作用両方に影響を及ぼします）．
（2）保護効果（化学的防護）　システインなどの化合物は，ラジカルと反応して障害を軽減します．
（3）温度効果（凍結効果）　試料を凍結することによって，ラジカルの拡散を妨げ，放射線作用を減少させます．

|生物学的効果比（**RBE**）|　　同じ吸収線量でも線質が異なると生物学的効果が異なります．基準となるエックス線と同一の効果を得るのに必要な対象放射線の線量の比を**生物学的効果比**（**RBE**：Rate of Biological Effect）といいます．

$$RBE = \frac{ある生物学的効果を得るために必要な基準放射線の吸収線量}{同一の効果を得るために必要な対象放射線の吸収線量}$$

3.1 エックス線の生体の細胞に与える影響

例題1 次の文章の（　）の中に入る語句を選びなさい．
(1) 人間は，数（ A ）mSv の照射で死亡する．
(2) 下等な細胞は，数（ B ）Sv の照射で死亡する．
(3) 昆虫は，数（ C ）Sv の照射で死亡する．
　①十　　②百　　③千　　④万

解答　A：③, B：②, C：①
解説　人間や猿，ねずみといった哺乳動物は，数 Sv で死に至ります．昆虫などでは数十 Sv，もっと下等な単細胞生物などは数百 Sv 以上を照射しないと死には至りません．

例題2 次の文章の（　）の中に入る語句を選びなさい．
　動物の全身にエックス線を照射して，しばらくしてそれを解剖して見ると，その動物の臓器の中にあるもの，例えば睾丸や（ A ）などには（ B ）．他のもの，例えば骨や（ C ）には（ D ）．もちろん，その臓器の一部をとって顕微鏡で詳しく調べると，一見正常に見えたものにもいろいろの変化があることがわかるが，それでも，その程度に著しい差がある．このようなことは，エックス線（ E ）が違うからである．
　①筋肉　　　　　　　②肺臓
　③著しい変化が見られる　④なんの変化も見られない
　⑤感受性　　　　　　⑥照射性

解答　A：②, B：③, C：①, D：④, E：⑤
解説　同じ身体の中の臓器でも，エックス線の照射によってその変化に大きな差のあることがわかっています．これをエックス線の感受性といいます．

例題3 次の文章は組織の放射線感受性について述べたものである．正しいものを選びなさい．
(1) 一般に未分化の細胞は放射線感受性が低い．
(2) 細胞分裂の頻度の高いものほど放射線感受性が低い．
(3) 将来行われる細胞分裂の数の多いものほど放射線感受性が高い．

解答　(3)

3章　エックス線の生体に与える影響

解説　ベルゴニ・トリボンドの法則では，
・細胞分裂の頻度の高いものほど感受性が高い．
・将来行う細胞分裂の数の大きいものほど感受性が高い．
・形態および機能において未分化のものほど感受性が高い．
といわれています．

3.2　エックス線の組織・器官に与える影響

① 正常な組織・器官のエックス線の感受性は

　身体の中の正常な組織・器官の種類によって，エックス線の感受性は異なります．それらの組織・器官のうちで，生殖腺などのように古い細胞が死んで，新しい細胞が次々とつくられているものを**再生系組織**といい，細胞分裂の激しい組織ほどエックス線の感受性は高くなります．

　また，神経細胞などのように，生成した細胞が死滅することなく，その生物の一生涯を通して存在していくものを**非再生系組織**といい，エックス線の感受性は低くなります．さらに，肺などのように再生系と非再生系の中間で，ゆるやかに古い細胞が死滅し，新しい細胞がつくられていく組織や器官もあります．

　これらの組織や器官のエックス線感受性の順序を表した代表的なものとして，図3・1に示すドイツの放射線学者ホルトフーゼンの発表したものがあります．

　胎児の場合には，全部の組織・器官が激しく細胞分裂していますから，当然，上に述べた非再生系の組織・器官も細胞分裂が激しく行われています．したがって，エックス線の感受性は高くなり，特に脳は敏感です．

② 皮膚はどのような影響を受けるか

　皮膚は，身体がエックス線の照射を受けたときに，最初に影響を受けます．皮膚には上皮細胞と，付属器官として皮脂腺，汗腺や毛のうなどがありますが，エックス線の感受性は付属器官のほうが高いので，1回の照射で起こる皮膚の急性障害には火傷などと同じように，脱毛，紅斑，水泡，潰瘍という第1度～第4度にわたる段階があります．表3・1にそれを示します．

3.2 エックス線の組織・器官に与える影響

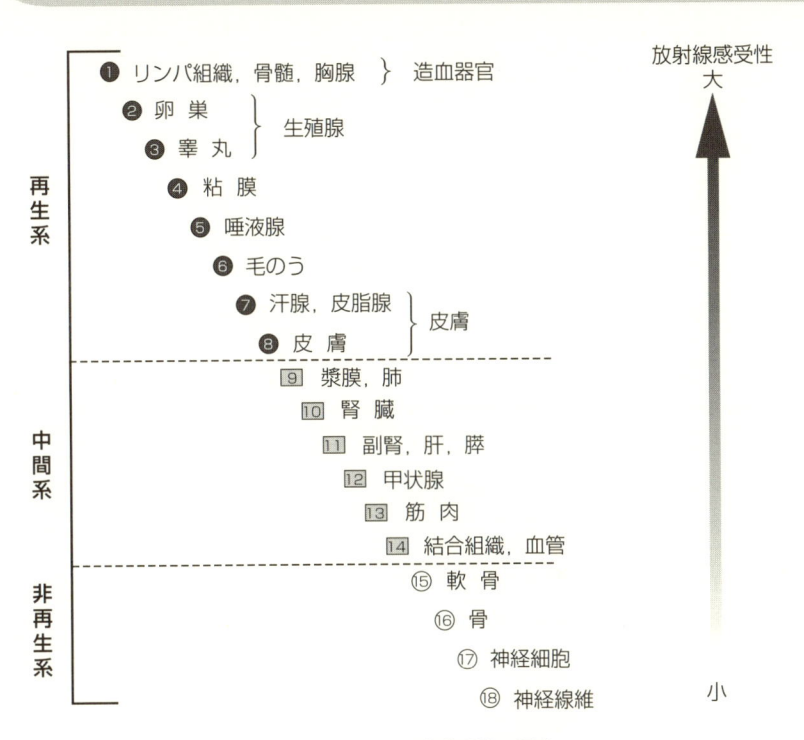

図3・1 エックス線感受性の順序

再生系
- ❶ リンパ組織，骨髄，胸腺 ｝造血器官
- ❷ 卵巣 ｝生殖腺
- ❸ 睾丸
- ❹ 粘膜
- ❺ 唾液腺
- ❻ 毛のう
- ❼ 汗腺，皮脂腺 ｝皮膚
- ❽ 皮膚

中間系
- ⑨ 漿膜，肺
- ⑩ 腎臓
- ⑪ 副腎，肝，膵
- ⑫ 甲状腺
- ⑬ 筋肉
- ⑭ 結合組織，血管

非再生系
- ⑮ 軟骨
- ⑯ 骨
- ⑰ 神経細胞
- ⑱ 神経線維

放射線感受性 大 ↑ 小

表3・1 エックス線皮膚炎の段階と症状

皮膚炎の段階	症　状
第1度皮膚炎	1～3Gyの照射後約3週間の潜伏期間を経て起こります．脱毛を主とし，紅斑はほとんどなく起こっても軽く，後に軽い色素の沈着があります．
第2度皮膚炎	5～12Gyの照射後約2週間の潜伏期間を経て充血，腫脹，紅斑，脱毛をきたします．この変化は3～4週続き，後に色素沈着を残し落屑して正常な皮膚に戻ります．
第3度皮膚炎	12～18Gyの照射後約1週間の潜伏期間を経て紅斑，水泡，糜爛をきたし，糜爛は治ります．
第4度皮膚炎	20Gy以上の照射後約数日から1週間の潜伏期間を経て，紅斑，水泡，糜爛などの激しい症状を呈し，長期にわたって潰瘍が残ります．

3章　エックス線の生体に与える影響

③ 造血器官はどのような影響を受けるか

　造血器官は，人体内で最もエックス線に対して敏感な臓器で，その状況は血液の変化として現れてきます．

　造血器官には，骨髄，リンパ節，肺臓，胸腺などが含まれます．これらの造血器官でつくられた血球類は，末梢血液の中に現れます．これらの血球のなかでエックス線が照射されると一番早く変化をするのが**白血球数**で，その変化は人間の場合4〜5週間で最低値となり，回復するのには10週間以上もかかります．好中球や血小板も2〜5週間後に減少します．赤血球数も同じように減少しますが，その変化はもっとゆるやかなものになります．

　また，エックス線作業では，慢性被ばくした場合には白血球数の慢性減少が起こります．

④ 生殖腺はどのような影響を受けるか

　図3・2に，精子のできる過程を示します．

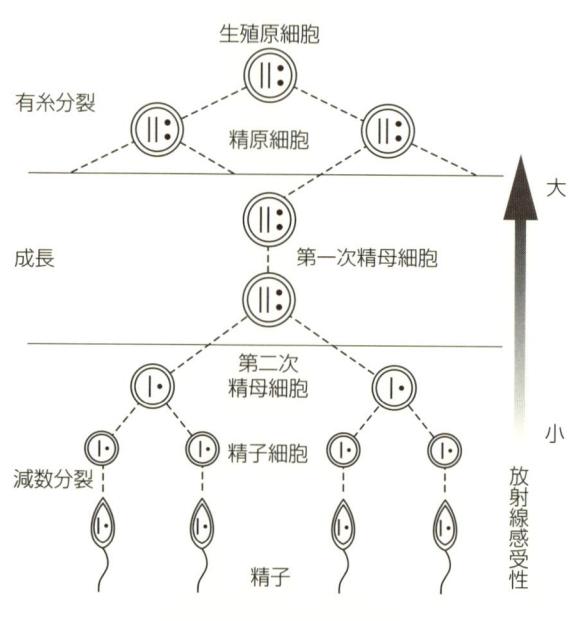

図3・2　精子のできる過程

3.2 エックス線の組織・器官に与える影響

睾丸 精子をつくる精細管の中には，外側から精原細胞，精母細胞，精子細胞，精子というように並んでいます．いま，睾丸にエックス線を照射すると，精細管では，まず精原細胞が消失し，時間が経つに従って，精母細胞，精子細胞，精子の順に消失します．人間においては，2.5 Gy 程度の照射で 3～4 週間後から無精子症になり，12 か月程度を経ると，精原細胞の再生が始まって再び精子が現れてきます．5～6 Gy の照射だと，**永久不妊**症となります．

しかし，睾丸に大量のエックス線の照射を受けた場合，不妊よりは性細胞の染色体の変化が先に生じ，この遺伝子的影響が重大な問題となります．精子が受精しても，胎児は育たず，流産あるいは死産になってしまいます．これを**優性致死突然変異**といいます．

卵巣 卵巣の構造は睾丸とはまったく異なります．1 回照射の場合，2 Gy で**一時不妊**に，**永久不妊**は 4～6 Gy くらいの照射によって起こります．また，分割照射では，この総線量は大きくなります．

⑤ よく用いられる用語

潜伏期とは エックス線を受けてもその影響はすぐには現れず，ある一定の時間が経った後に症状が現れます．この現象を**潜伏期**といいますが，潜伏期の違いにより，被ばく後，数か月から数十年も経ってから現れる**晩発性障害**（晩発影響）と，皮膚の紅斑などのように，被ばく後，数か月以内の間に現れる**急性障害**（早期影響）があります．影響が現れるまでの期間は被ばくした組織・器官と線量によって決まります．

例えば，悪性腫瘍では平均して 10 年前後，白内障では 1～2 年後，皮膚障害では 2～3 週間後，生殖腺障害の不妊は 3～4 週間後，腸の粘膜の障害では 3～4 日後です．造血臓器の障害では，血球の変化は白血球のうち，リンパ球が 48 時間以内に減少し，好中球，栓球（血小板）は 2～5 週間後に減少して最低値となり，赤血球は 15～40 日後に減少してきます．このような現象は，その組織・器官をつくっている細胞の感受性によって影響されます．例えば，成熟細胞は比較的影響を受けないので，根幹細胞だけが影響を受けますから，症状の現れる期間は，根幹細胞が成熟するまでの時間と細胞の寿命によって決まります．

回復とは エックス線を受けて減少した末梢血液の白血球数などは，時間が

3章　エックス線の生体に与える影響

経つとともにもとの状態に戻ります．この現象を **回復** といいます．

　回復のある障害としては，早期の造血臓器の障害，皮膚の障害，生殖腺の被ばくによる不妊などの障害があります．これらの障害は，同一の線量でも，1回で被ばくするのと何回かに分けて被ばくするのとでは，後者のほうがその影響が少なくなります．

|蓄積とは| 　エックス線を受けて生じた障害が回復しない現象を，**蓄積** といいます．蓄積のある障害としては，被ばく後，数年から数十年の潜伏期をもって現れる晩発生障害のがんや白血病，遺伝的影響となる突然変異などです．この場合，1回で被ばくしても何回かに分けて被ばくしても，その影響は同じで，被ばくした総積算線量に見合った影響が現れます．

|例題4| 次の文章の（　）の中に入る語句を選びなさい．
(1) リンパ組織は腎臓より放射線感受性が（　A　）．
(2) 骨髄は血管よりも放射線感受性が（　B　）．
　①高い　②低い

|解答| A：①，　B：①
|解説| エックス線感受性は次の順に低くなります．（図3・1参照）
①リンパ組織・骨髄・胸腺，②卵巣，③睾丸，④粘膜，⑤唾液腺，⑥毛のう，⑦汗腺，⑧皮膚，⑨漿膜・肺，⑩腎臓，⑪副腎・肝・膵，⑫甲状腺，⑬筋肉，⑭結合組織・血管，⑮軟骨，⑯骨，⑰神経細胞，⑱神経線維
　この順位の①〜④までは幹細胞の分裂頻度が高いもの，⑤〜⑧は幹細胞の分裂がそれほど著しくないもの，⑨〜⑫は内分泌，外分泌を行うものや肺などを含むもので，細胞分裂がないとはいえず，また分裂がなくても細胞の物質合成などが盛んです．⑬〜⑱は，主に身体の構造をつくるので分裂は行われていません．

|例題5| 次にあげる臓器について，エックス線感受性の高い順位に並べなさい．
　A：卵巣　　B：神経細胞　　C：汗腺

3.2 エックス線の組織・器官に与える影響

解答 A→C→B
解説 図3·1参照.

例題 6 次の文章の（ ）の中入る語句または数値を選びなさい．

皮膚がエックス線により6 Gyの照射を受けた．照射後（ A ）日くらいで紅斑が生じた．このように照射後，一定期間症状が現れない期間を（ B ）期間という．

A： ①2～3　②7～10　③14～21　④28～30
B： ①停留　②潜在　③停滞　④潜伏

解答 A：②，B：④
解説 エックス線を皮膚に照射した場合に起こる急性の皮膚の変化を放射線皮膚炎といいます．5～12 Gyの照射をすると約2週間の潜伏期間を経て，充血，腫脹，紅斑，脱毛が起こり，その変化は3～4週続き，あとに色素の沈着を残し，落屑して正常な皮膚に戻ります．

いま，6 Gyのエックス線を照射すると照射後数時間内に照射部に一致して軽度の紅斑を生じます．これを早期紅斑といって，24時間後に最も強く現れ，以後しだいに消退して3～4日後に正常な皮膚に回復します．しかし，7～10日くらいから再び紅斑を生じ，しだいに強くなり，14日目くらいに最高潮に達し（これを主紅斑といいます）て，28日目ごろに消失します．

例題 7 次の文章の（ ）の中に入る語句を選びなさい．

人体が多量のエックス線に被ばくしたところ，3日くらい経って（ A ）が減少し，特に，そのうち（ B ）が著しく減少した．

A： ①赤血球数　②白血球数　③ヘモクロビン数　④リンパ球数
B： ①赤血球数　②白血球数　③ヘモクロビン数　④リンパ球数

解答 A：②，B：④
解説 血液の成分は，血球と血漿に分けられます．血球は，また，白血球，赤血球，血小板からなり，白血球はさらに顆粒細胞，リンパ球および単球に分けられます．血球のうちで放射線を受けたときに一番敏感なのは白血球で，特にリンパ球の減少が目立ちます．

3章　エックス線の生体に与える影響

> **例題 8**　全身がエックス線に一時的に 0.3 Gy 以上に照射されたときの血液成分の変化で，血球数比が早く減少する順序として正しいものの組合せは（1）〜（5）のうちどれか．ただし一時的な増加を除くものとする．
> （1）白血球，血小板，赤血球
> （2）白血球，赤血球，血小板
> （3）血小板，赤血球，白血球
> （4）赤血球，白血球，血小板
> （5）赤血球，血小板，白血球

解答　（1）

解説　血球の中で感受性の高い順は白血球，血小板，赤血球となり，その順で血球数の減少が早く起こります．白血球は一時的に増加したような現象が見られますが，すぐに減少します．

> **例題 9**　次の文章の（　）に入る語句を選びなさい．
> （1）造血器官には，（ A ），（ B ），（ C ）などが含まれる．
> （2）生殖腺には，（ D ），（ E ）などが含まれる．
> （3）非再生系組織の臓器でも（ F ）には盛んに細胞分裂を行っているのでエックス線感受性は（ G ）．
> （4）絶えず細胞分裂を行っている臓器には，造血器官，生殖腺のほか，皮膚，（ H ），（ I ）や目の（ J ）などがある．
> （1）：①骨髄　②腎臓　③副腎　④脾臓　⑤胸腺　⑥肝臓
> （2）：①副腎　②睾丸　③毛のう　④漿膜　⑤卵巣
> （3）：①成長期　②潜伏期　③高い　④低い
> （4）：①血管　②粘膜　③汗腺　④筋肉　⑤水晶体　⑥視神経

解答　A〜C：①④⑤，D〜E：②⑤，F：①，G：③，H〜I：②③，J：⑤

解説　動物においては，成長期には盛んに細胞分裂を行っているので感受性は高くなり，成長が止まると低くなりますが，老化するにつれて再び感受性が高くなります．

3.3 エックス線が全身に与える影響

例題10 次の文章の（　）の中に入る語句を選びなさい．

エックス線の生物作用の中には，回復がまったくないと考えられるものがある．線量率や（ A ）の間隔を変えても，その作用の程度に差がなければ回復はないと推定される．

たとえば，回復の現象が認められない遺伝子の（ B ）の発生や，（ C ）の発生については，その作用は線量の総和に（ D ）するということになる．このことは照射の線量は（ E ）され，作用は（ F ）線量に比例する．

①測定　②照射　③突然変異　④皮膚炎　⑤白血病　⑥白内障
⑦比例　⑧反比例　⑨凝縮　⑩蓄積　⑪積算　⑫累計

解答　A：②，B：③，C：⑤，D：⑦，E：⑩，F：⑪（または⑩）

解説　エックス線の照射によって影響を受けた生体がもとの状態に戻らない現象を蓄積といい，遺伝子の突然変異のような遺伝的影響や，白血病などは回復がまったくないと考えられています．そして，これらの作用は線量の総和に比例することになり，いいかえると個々の照射の線量は蓄積され，作用は蓄積（または積算）線量に比例します．また，これらを確率的影響（128頁参照）ともいいます．

3.3 エックス線が全身に与える影響

① 被ばく線量と死亡率との関係は

動物がエックス線を1回，全身に被ばくした場合に，線量がある程度大きい場合は死に至ります．図3・3に示すように，横軸に全身照射線量（1回照射）をとり，縦軸には30日以内に死亡した動物の数の全部の動物の数に対する百分率（これを30日間の死亡率といいます）をとると，図3・3のような曲線になります．この曲線を**線量死亡率曲線**といい，死亡率50％をもたらす線量を**LD$_{50}$**（Lethal Dose 50％の略：**半致死線量**）といいます．この値は，いろいろな動物の放射線に対する感受性を比べる一つの物差しにもなっています．

また，図からもわかるように，線量がある程度より小さければ，30日以内に

3章　エックス線の生体に与える影響

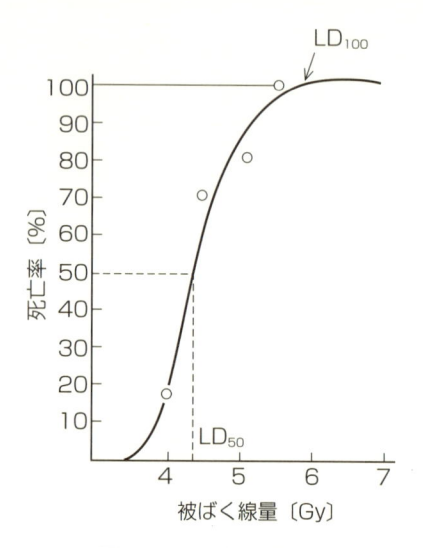

図 3・3　被ばく線量と死亡率

死亡する個体はありませんが，それより大きくなるとはじめは少しずつ，さらに大きくなると急激に死亡率が増し，ある線量以上になると全動物が 30 日以内に死亡します．このときの線量を **LD_{100}**（全致死線量）といいます．

② 死亡の原因は

　エックス線を被ばくした後，早いうちに現れる影響を早期効果といいますが，大量のエックス線を全身に急性被ばくした後に，比較的短い期間で死に至った場合，被ばく線量に応じて代表的な症状の段階があります．それらの関係を図 3・4 に示します．横軸に 1 回照射の線量，縦軸に平均の生存時間をとると，図のような曲線になります．横軸，縦軸とも対数目盛で表しています．

　ここで，図の曲線を線量によって A，B，C，D の四つの範囲に分け，それぞれでの死亡の原因をみると，次のようになります．

　中枢神経死　　全身または頭部への照射によって，照射後すぐに脳の中枢神経に異常が起こります．そして，線量によっては数時間ないし 1 日以内に死に至ります．動物実験の結果では，100 Gy 以上の大線量を照射すると起こります．この場合は照射後，異常運動，けいれん発作，後弓反張，振せんなどの神経症状

3.3 エックス線が全身に与える影響

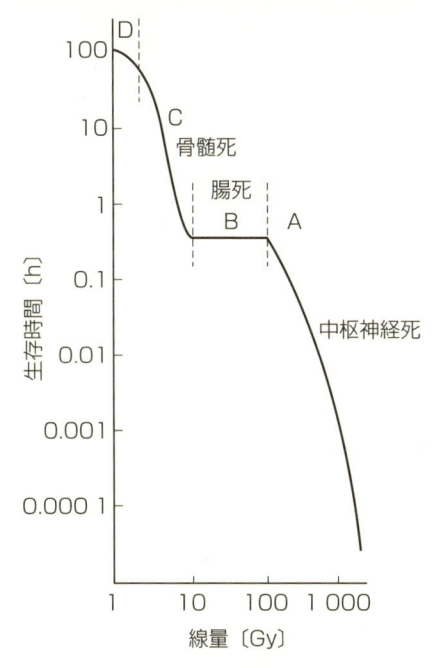

図3・4 被ばく線量と生存時間

を生じて，ついには死に至りますので**中枢神経死**といいます．

腸死　全身または腹部への照射によって，胃腸に障害が起こります．その生存期間は2〜6日で，**3.5日死**などといわれています．死亡する半日くらい前までは比較的状態がよく，それから急に下痢を起こし，多くの場合，虚脱状態になって死亡します．動物実験では10〜100 Gyの範囲で起こります．ただし，ウサギの場合には，この現象ははっきりと現れません．

骨髄死　全身にLD_{50}程度の線量の照射を受けた場合には，造血機能の障害が起こり，30日以内に死に至ります．主に2週前後から死亡する個体が現れはじめ，幸い死亡を免れたものは一見正常に回復しますが，白血球，赤血球，血小板などが減少しています．造血機能のもとは骨髄なのでこれを**骨髄死**といい，3〜10 Gyの範囲で起こります．

また，照射された線量がこれより少ないDの範囲では，その影響を受けて一時的に弱っても，やがて回復してほぼ正常に戻ります．しかし，一部の個体には，

3章 エックス線の生体に与える影響

白血病，悪性腫瘍などの発生や，平均寿命が短くなるなど晩発生の効果が現れることがあります．また，腫瘍の発生しないものでも平均寿命が短くなっていることが認められますので，この範囲を「**寿命が短縮した**」といいます．

③ 人体が一度に全身被ばくした場合の線量と症状

エックス線を人体が一度に全身被ばくした場合には，急性放射線症が問題になってきます．エックス線の線量と症状の関係を表3・2に示します．この表から，**6 Gy** 以上の全身被ばくによって，30日以内にすべての人が死に至るであろうことと，LD_{50} は **4～5 Gy** ということがわかります．これらの値は大切ですから，よく記憶しておいてください．

表3・2 人体が一度に全身被ばくした場合の影響

被ばく線量〔Gy〕	影響の現れ方
0～0.25	1回の線量がこの程度では直接的にはなんら認められる影響はありません．
0.25～0.5	この程度の線量では，身体的変化はなく，普通は自覚症状もありません．0.25 Gyは血球検査で変化をはっきり示す最小値とされています．
0.5～1.0	被ばくを受けた人の10％に吐気・嘔吐・下痢・頭痛・脱力感などの軽い放射線症の症状を示すことが予期されます．一時的に白血球数減少などの血液変化が起こりますが，数日以内に身体機能は完全に回復します．
1.0～2.0	線量とともに急性放射線症を起こす人の数は増し，その症状も強くなり，出血や胃腸障害が起こります．しかし，死亡までには至りません．ただし，放射線による能力低下をきたす可能性はあります．
2	約50％の人が急性放射線症にかかり，数％の人がそのために死亡します．また，感染による発熱なども伴います．
3	90％以上の人が激しい急性放射線症にかかり，25％くらいの人が死亡します．
4～5	被ばくした人の約50％は急性放射線症で死亡します（LD_{50}）．
6以上	被ばくした人のすべてが30日以内に死亡することが予期されます．

④ エックス線の被ばくによる全身反応

エックス線の被ばくによって，それが全身照射でも部分照射であっても，局所の変化の他に全身的な反応が現れます．とくに人間の場合には，種々の自覚症状を伴うことが多く，酒による二日酔の症状とよく似ているので宿酔と呼んでいま

3.3 エックス線が全身に与える影響

表3・3 宿酔の症状

一般症状	頭痛,めまい,知覚異常
胃腸症状	食欲不振,悪心,嘔吐,下痢,腹部膨満感
血管症状	頻脈,不整脈,血圧降下,呼吸促進
精神症状	興奮,不安,不眠

す．表3·3に宿酔の症状を示します．
　また，宿酔には一定の潜伏期間があり，照射を受けた直後には現れません．潜伏期間の長さは，被ばく線量，部位などにより異なりますが，1回照射の場合で2～3時間，その持続期間は2～7日間くらいです．この症状は個人による差が大きいので，0.5 Gyくらいの被ばくで現れることもあります．自覚症状としては，頭痛，めまい，知覚症状などの一般症状のほか，食欲不振，悪心，嘔吐，下痢，腹部膨満感などの胃陽症状，頻脈，不整脈，血圧降下，呼吸促進などの血管症状，興奮，不安，不眠などの精神症状があります．

3章　エックス線の生体に与える影響

例題 11　次の図は，はつかねずみへの照射線量と死亡率曲線を表したものです．次の文章の（　）の中に入る語句または数値を選びなさい．

　動物の全身にエックス線を1回照射しその線量を横軸にとり，（　A　）日間の死亡率（全動物数に対する（　A　）日以内に死亡した動物数の百分率）を縦軸にとると図のような曲線が描かれる．

　この曲線で死亡率50％のときの線量を（　B　）といい，図から約（　C　）Gyである．また，3.3 Gy以下の線量では（　A　）日以内の死亡はまったくない．この3.3 Gyをしきい値という．また，（　D　）Gy以上では，この期間内に全動物が死亡する．この線量を全致死線量（　E　）という．

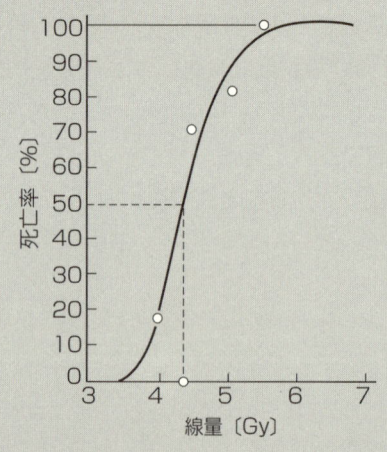

A：　① 10　　② 20　　③ 30　　④ 50
B：　① $LD_{0.5}$　　② $LD_{1/2}$　　③ LD_{50}　　④ $LD_{50/100}$
C：　① 4.1　　② 4.3　　③ 4.5　　④ 4.7
D：　① 5.5　　② 6　　③ 6.5　　④ 7
E：　① $LD_{1.0}$　　② LD_{100}　　③ $LD_{100/100}$　　④ LD_{com}

解答　A：③，　B：③，　C：②，　D：②，　E：②
解説　3.3節①項参照．

　この図は30日間の死亡率を表したもので，死亡率50％のときの線量をLD_{50}で表します．また，3.3 Gy以下では30日以内の死亡はまったくないことがわかり，この線量を**しきい値**といいます．この値以上になると，はじめは少しずつ，

3.3 エックス線が全身に与える影響

それ以上では急激に死亡率が増加し，約 6 Gy 以上になると，この期間内に全動物が死亡することを表しています．全動物が死亡する線量を LD_{100} で表します．

例題 12 次の文章の（ ）の中に入る語句または数値を選びなさい．

人間の LD_{50} は正確にはわからないが，だいたい（ A ）Gy の間であろうと推定されている．哺乳動物の LD_{50} は動物の種類によって（ B ）Gy くらいに及んでいるが，一般には小動物のほうが LD_{50} は（ C ）．

A： ①1～2　　②3～5　　③6～7
B： ①0.2～0.5　　②0.5～1.5　　③2～15
C： ①大きい　　②小さい

解答 A：②，　B：③，　C：①

解説 人間の LD_{50} は，正確にはわかりませんが，おおよそ 4～5 Gy，哺乳動物は，その種類によって違いますが，おおよそ 2～15 Gy くらいです．また，一般に小さい動物のほうが大きいといわれています．

例題 13 放射線による哺乳動物の死は，照射された線量によって特有の死をもたらすとされている．次の線量域での死因の名称を選びなさい．

(1) 10 Gy くらいまで　　（ A ）
(2) 10～100 Gy　　（ B ）
(3) 100 Gy 以上　　（ C ）

A： ①不致死　　②中枢神経死　　③骨髄死　　④腸死
B： ①半致死　　②中枢神経死　　③骨髄死　　④腸死
C： ①全致死　　②中枢神経死　　③骨髄死　　④腸死

解答 A：③，　B：④，　C：②

解説 3.3 節②項および図 3・4 参照．

例題 14 放射線による哺乳動物の死は，照射された線量によってその死因が異なるとされている．次の各死因となる線量は，おおよそ何 Gy くらいの範囲か．（ ）に入る数値を選びなさい．

3章　エックス線の生体に与える影響

> (1) 消化管死　　（ A ）
> (2) 造血死　　　（ B ）
> (3) 中枢神経死　（ C ）
> 　A： ①10未満　　②10～100　　③100以上
> 　B： ①10未満　　②10～100　　③100以上
> 　C： ①10未満　　②10～100　　③100以上

解答　A：②，　B：①，　C：③

解説　3.3節②項および図3・4参照．骨髄死は造血死，腸死は消化管死ともいいます．

> **例題15**　労働者がエックス線作業中，一度に全身に次の範囲の線量を受けたものとすると，身体にどのような変化が認められるか．（　）の中に入る語句または数値を選びなさい．
> (1) 0.1～0.25 Gy：明らかにその影響によると認められる（ A ）．
> (2) 0.5～1 Gy：一時的に（ B ）減少などの血液変化を生じる．
> (3) 2～3 Gy：多くの労働者に（ C ）を生じる．
> (4) 4～5 Gy：（ D ）％くらいの労働者が死亡する．
> 　A： ①変化は生じない　　②皮膚炎が起きる　　③脱毛が起きる
> 　B： ①赤血球数　　②ヘモグロビン数　　③白血球数
> 　C： ①放射線症　　②運動障害　　③がん
> 　D： ①25　　②50　　④90

解答　A：①，　B：③，　C：①，　D：②

解説　0～0.25 Svでは，なんら認められるような効果は生じません．0.5～1 Gyでは，被ばくを受けた人の10％に吐気，嘔吐，下痢，頭痛，脱力感などの軽い放射線症の症状が出ます．一時的に白血球数減少などの血液変化が起こりますが，数日以内に身体の機能は完全に回復します．2～3 Gyでは，2 Gyで約50％の人が放射線症にかかり数％の人が死亡し，感染による発熱なども伴います．3 Gyで90％以上の人が放射線症にかかり，25％くらいの人が死亡します．4～5 Gyでは，これがLD_{50}とすると，50％の人が放射線症で死亡します．

3.4 確定的影響と確率的影響

例題 16 次の文章の（　）の中に入る語句または数値を選びなさい．

宿酔の一般症状には，（ A ），（ B ）および知覚異常があり，これらは照射直後には現れず，一定の（ C ）があり，その長さは１回照射の場合（ D ）時間である．

- A, B： ①頭痛　　②かゆみ　　③発熱　　④めまい
- C： ①潜在期間　②潜伏期間　③停滞期間　④停留期間
- D： ①２～３　　②６～８　　③10～12　　④12～24

解答 A：①（または④），B：④（または①），C：②，D：①
解説 3.3節④項参照．

宿酔の症状は照射直後には現れず，一定の潜伏期がありますが，その長さは線量および部位などによって異なり，1回照射の場合，2～3時間でその持続時間は2～7日間くらいです．また，これらの症状は個人差があって，0.5 Gy でも現れることがあります．

3.4 確定的影響と確率的影響

国際放射線防護委員会（ICRP）の 1977 年の勧告の中で，放射線の生体への影響は，**確定的影響**と**確率的影響**との二つに区分されました．

① 確定的影響には何があるか

図 3・5 に示すように，一般に，生体に対する影響は S 字状曲線のようになります．このように S 字状の曲線を表す障害としては，皮膚，血液，生殖腺，腸出血などの急性障害と，白内障，再生不良性貧血などの晩発障害があります．この関係では，ある線量［しきい（閾）値］までは影響は出ませんので，しきい値以下が許容量となります（表 3・4）．また，その障害の重篤度は被ばく量に依存します．

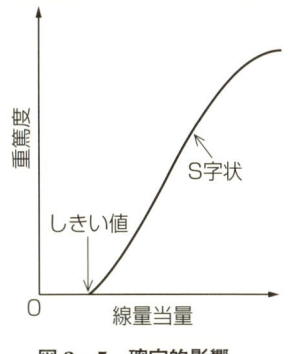

図 3・5　確定的影響

3章　エックス線の生体に与える影響

表3・4　各種組織・器官のしきい線量

組織・器官	影　響	線量（1回照射）
生殖腺	女性（40歳）受胎能力の永久停止 女性（20歳）一時的無月経 男性精子の一時的減少	3Gy 3Gy 0.25Gy
赤色骨髄	造血機能低下	20Gy以上
水晶体	視力の妨げとなる混濁	15Gy以上
皮膚	美容上受け入れがたい皮膚の変化	20Gy以上

② 確率的影響にはどのようなものがあるか

　図3・6に示すように，線量を少なくしていくと生体に対する影響は減ってゆきますが，影響をまったくなくすには線量を0（ゼロ）にしなければなりません．このような直線性を表す障害としては，白血病その他の悪性腫瘍（がん），寿命の短縮，遺伝的影響などがあります．これらの影響は，晩発効果としてとらえることができます．確率的影響においては，障害の重篤度は被ばく線量に依存しません．

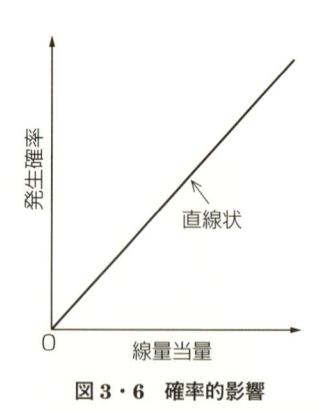

図3・6　確率的影響

3.4 確定的影響と確率的影響

例題17 放射線症状の主なものには，次の①〜⑪に示すようなものがある．
これらの症状を比較的早期に見られる確定的影響と，相当期間が経ってから見られる確率的影響に分けて次の表を完成しなさい．

	確定的影響		確率的影響	
血液障害	A	B	C	D
皮膚障害	E	F	G	H
全身障害	I	J	K	

[放射線症状]
①発がん　②吐気　③嘔吐　④リンパ球減少　⑤い縮　⑥脱毛
⑦悪性貧血　⑧白血球減少　⑨紅斑　⑩白血病　⑪寿命短縮

解答　A：④，　B：⑧，　C：⑦，　D：⑩，　E：⑥，
　　　　F：⑨，　G：①，　H：⑤，　I：②，　J：③，　K：⑪

解説　血液障害には，リンパ球減少，悪性貧血，白血球減少，白血病，皮膚障害には，発がん，萎縮，脱毛，紅斑，全身障害には，吐気，嘔吐，寿命短縮があります．さらにそれらの中で，確定的影響は，リンパ球減少，白血球減少，脱毛，紅斑，吐気，嘔吐です．確率的影響としては，悪性貧血，白血病，発がん，萎縮，寿命短縮となります．

例題18　次の文章は，放射線による遺伝的影響について述べたものである．文中の（　）の中に入る語句を選びなさい．
　放射線の遺伝的影響は，突然変異を生じることであるが，変異率と線量との間には，次のような関係がある．
（1）突然変異率と線量とは（　A　）．
（2）線量が一定であるとき，突然変異率は線量当量率に（　B　）．
（3）分割照射によって遺伝的効果は（　C　）．
　①減少する　②減少しない　③正比例する　④反比例する
　⑤無関係に一定である

3章　エックス線の生体に与える影響

解答　A：③，　B：⑤，　C：②

解説　遺伝的影響は総線量に比例しますから，突然変異を起こす確率は，その被ばく線量が増せばそれにつれて増加します．また，線量が一定であれば，線量当量率が大きいということは被ばく時間が短いということであり，線量当量率の大小は突然変異を起こす割合には無関係です．一定線量を何回かに分割して照射しても，遺伝的効果は減少しません．

例題19　次の図は，放射線の線量とその生物作用に対する影響を示したものである．これについて，文中の（　）の中に入る語句を選びなさい．

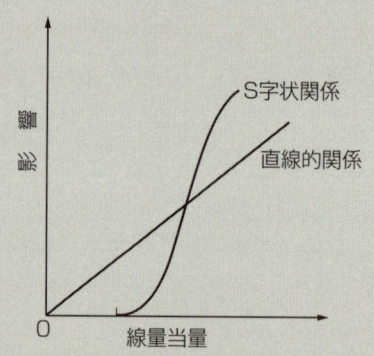

(1) 一般の生物作用は（　A　）関係を示す．この関係がある場合には，線量限度として（　B　）であれば問題はない．このような場合に発生する影響を（　C　）影響という．

(2) （　D　）関係にあるものでは，いくら線量を少なくしても影響は減るがなくならないので，影響をまったくなくすには線量を（　E　）にしなければならない．このような場合に考えられる影響を（　F　）影響という．

A：　①直線的　　　②Ｓ字状
B：　①ゼロ　　　　②しきい値以下
C：　①確定的　　　②確率的
D：　①直線的　　　②Ｓ字状
E：　①ゼロ　　　　②しきい値以下
F：　①確定的　　　②確率的

3.5 等価線量と実効線量

解答 A：②, B：②, C：①, D：①, E：① F：②

解説 線量当量とその影響との関係における直線性とは，横軸に線量をとり，縦軸にそれによる影響をとると直線が引けるということで，線量が大きくなれば，その影響も大きくなります．このような場合には，線量を少なくしても影響は減りますが，なくなることはないので，影響をまったくなくすには線量を0（ゼロ）にしなければなりません．このような直線関係のある作用としては，**白血病の発生，寿命の短縮，遺伝的影響**があり，**確率的影響**といわれています．

　S字状曲線は一般の生物作用を表すもので，この場合はある線量（しきい値）までは影響は現れませんから，線量がしきい値以下であれば許容量となります．このようなS字状関係のある作用としては，いろいろな急性放射線症があり，**確定的影響**といわれています．

3.5　等価線量と実効線量

① 等価線量はどのように表されるか

　等価線量は，放射線が人体に与える影響のうち，**確定的影響**を評価するための**防護量**（2.1節④項参照）を表し，人体の特定の組織が受けた線量当量（2.1節④項参照）に相当します．外部被ばくによる等価線量は，組織によって1cm線量当量および70μm線量当量で評価します

1cm 線量当量（H_{1cm}）　　皮膚を除く体中の全臓器に対する外部被ばくによる等価線量を評価する際に用いられます．身体の表面から，深さ1cmの箇所における線量とみなされる量です．また，外部被ばくによる実効線量を評価する際は，1cm線量当量を指標として用います．

70μm 線量当量（$H_{70\mu m}$）　　外部被ばくによる皮膚の等価線量を評価する指標で，身体の表面から深さ70μmの箇所における線量当量とみなされる量です．

　また，外部被ばくによる目の水晶体の等価線量を評価する指標は，1cm線量当量または70μm線量当量のうち適切な方法で評価します．

3章 エックス線の生体に与える影響

② 実効線量はどのように表されるか

実効線量（H_E）は，被ばくした組織の線量当量に荷重係数を乗じて，それぞれの組織について加算したもので，放射線が人体に及ぼす**確率的影響**を評価する指標となるものです．次式のように表すことができます．

$$H_E = \sum_T W_T H_T = W_{T1}H_{T1} + W_{T2}H_{T2} + W_{T3}H_{T3} + \cdots$$

ここに，T：それぞれの組織
　　　　H_T：放射線に被ばくされた組織の線量
　　　　W_T：その組織に起こる致死的影響のリスクの比率を表す荷重係数
　　　　（表3·5参照）

また，荷重係数は次のように表されます．

$$W_T = \frac{R_T}{R}$$

ここに，R_T：リスク係数（表3·5参照）

各臓器が1Svを被ばくしたときにリスクの起こる割合を示します．これは，発がんの誘発，子孫に現れる重大な遺伝子的欠陥の誘発を，学術資料をもとに採用されたものです．

　　　　R：全身が均等に照射された場合のリスク
　　　　$R = 1.65 \times 10^{-2}$（約 10^{-2}）

表3·5　各組織・器官のリスク係数と加重係数

組織・器官	リスク係数（R_T）	荷重係数（W_T）
甲状腺	5×10^{-4}	0.03
骨表面	5×10^{-4}	0.03
赤色骨髄	2×10^{-3}	0.12
肺	2×10^{-3}	0.12
乳房	2.5×10^{-3}	0.15
精巣	4×10^{-3}	0.25
残りの組織	5×10^{-3}	0.3

3.6 問題演習

出題傾向 ➡➡➡

「生体」に関する問題では，エックス線が生体の細胞，組織，器官，全身に与える影響などから出題されていますが，最近は線量当量についての問題も出題されています．配点は 100 点満点中の 25 点で，正常臓器のエックス線感受性の順位，披ばく線量と主死因の範囲などを確実に覚えておくことが必要です．

重要事項 ➡➡➡

- **細胞に与える影響**　　ベルゴニ・トリボンドの法則．
- **組織・器官に与える影響**　　正常な臓器のエックス線感受性の順位，皮膚の障害，永久脱毛には 6 Gy 以上，造血器官の障害，末梢血液中で一番早く変化するのは白血球数，生殖腺の障害，精子にエックス線を照射して永久不妊にするには 5～6 Gy が必要，卵巣の永久不妊には 4～6 Gy，潜伏期間と障害の種類，回復と分割被ばくの関係．
- **全身に与える影響**　　LD_{50}，LD_{100} の定義，急性被ばく効果の死因とその線量，中枢神経死 100 Gy 以上，腸死 10～100 Gy，骨髄死 3～10 Gy，人間の LD_{50} の値 4 ± 1 Gy，宿酔の症状．
- **線　量**　　生体に作用するエックス線の効果，確率的影響，確定的影響，個人に対する線量の限度，集団に対する線量の限度．

問①　エックス線の直接作用と間接作用に関する次の記述のうち，正しいものはどれか．

(1) 直接作用とは，エックス線が直接ラジカルを形成し，ラジカルが生体高分子と相互作用することをいう．

(2) 間接作用とは，エックス線が生体内に存在する水分子と相互作用した結果，生成された二次電子が生体高分子に与える作用をいう．

(3) 溶液中の酵素の濃度を変えて一定線量のエックス線を照射する場合，酵素の濃度が増すに従って，酵素の全分子数のうち不活性化されたものの占める割合が減少することは，直接作用により説明される．

(4) 生体中にシステアミンなどの SH 化合物が存在するとエックス線が生体に与える

3章 エックス線の生体に与える影響

影響が軽減されることは，主に間接作用により説明される．
(5) エックス線のような低LET放射線では，間接作用より直接作用のほうが生体に与える影響に大きく関与している．

問② 放射線の生物学的効果に関する次のAからDまでの記述について，正しいもののみの組合せは (1)〜(5) のうちどれか．

A 生物学的効果比 (RBE) は，生物の種類による放射線の効果の違いを，ヒトを基準にして表したものである．
B 酸素増感比 (OER) とは，生体内に酸素が存在しない状態と存在する状態とで同じ効果を引き起こすのに必要な線量の比により，酸素効果の大きさを表したものである．
C 線エネルギー付与 (LET) は，放射線の飛跡に沿った単位長さ当りのエネルギー付与であり，放射線の生物学的効果は，吸収線量が同じでもLETの大きさによって異なる．
D 半致死線量は，被ばくした集団のすべての個体が一定の期間内に死亡する線量の50％に相当する線量である．

(1) A, B　　(2) A, C　　(3) B, C　　(4) B, D　　(5) C, D

問③ 細胞の放射線感受性に関する次のAからDまでの記述について，正しいもののみの組合せは (1)〜(5) のうちどれか．

A 細胞分裂の周期のM期（分裂期）の細胞は，S期（DNA合成期）後期の細胞より放射線感受性が高い．
B 細胞分裂の周期のS期初期の細胞は，S期後期の細胞より放射線感受性が高い．
C 線量を横軸に，細胞の生存率を縦軸にとりグラフにすると，ほとんどの哺乳動物細胞では一次関数型となり，バクテリアではシグモイド型となる．
D 細胞の放射線感受性の指標として用いられる平均致死線量は，細胞の生存率曲線においてその細胞集団のうち半数の細胞を死滅させる線量である．

(1) A, B　　(2) A, C　　(3) B, C　　(4) B, D　　(5) C, D

問④ 人体の次の組織について，放射線に対する感受性の最も高いものから低いものへと順に並べるとき，3番目に並ぶものはどれか．

(1) 汗腺　　(2) 甲状腺　　(3) 骨髄　　(4) 神経組織　　(5) 結合組織

問⑤ 放射線の線量とその生体に与える影響との関係に関する次の記述のうち，正

3.6 問題演習

しいものはどれか.
(1) 確率的影響は，被ばく線量と発生率の関係がＳ字状曲線で示される．
(2) 確定的影響は，被ばく線量の増加とともに発生率は増加するが，障害の重篤度は変わらない．
(3) 身体的影響のうち，晩発性のものは，すべて確率的影響に分類される．
(4) 胎内被ばくによる胎児の奇形は，確率的影響に分類される．
(5) 全身に対する確率的影響の程度は，実効線量により評価される．

問⑥ 次のＡからＤまでの放射線影響について，その発症にしきい線量が存在するものすべての組合せは (1)〜(5) のうちどれか．
Ａ　不妊　　Ｂ　肺がん　　Ｃ　白内障　　Ｄ　放射線宿酔
　(1) A, B　　(2) A, C, D　　(3) A, C　　(4) B, C, D　　(5) B, D

問⑦ 放射線による身体的影響に関する次のＡからＤまでの記述について，正しいものの組合せは (1)〜(5) のうちどれか．
Ａ　眼の被ばくで起こる白内障は，潜伏期が平均約1か月程度で，急性影響に分類されている．
Ｂ　急性影響の潜伏期の長さには，被ばくした組織の幹細胞が成熟するまでの時間と成熟細胞の寿命が関係する．
Ｃ　晩発性影響である白血病の潜伏期は，一般にその他のがんに比べて短い．
Ｄ　晩発性影響は，影響を発現させる被ばく線量に，しきい値がないという特徴をもつ．
　(1) A, B　　(2) A, C　　(3) B, C　　(4) B, D　　(5) C, D

問⑧ 一度に全身にエックス線を被ばくした場合に，被ばく線量に応じて予想される急性放射線障害として，正しいものは次のうちどれか．
(1) 0.05〜0.1 Gy　……末梢血液の検査で異常が認められる．
(2) 0.1〜0.3 Gy　………すべての人に放射線宿酔の症状が現れる．
(3) 3〜5 Gy…………主に放射線による造血器官の障害により，約50％の人が30日以内に死亡する．
(4) 10〜15 Gy　………主に中枢神経の障害により，30日以内にすべての人が死亡する．
(5) 100〜120 Gy　……主に消化器官の障害により，10日以内にすべての人が死亡する．

3章　エックス線の生体に与える影響

問⑨ エックス線による晩発影響に関する次の記述のうち，正しいものはどれか．
(1) 潜伏期の長さが3〜4週間である影響は，晩発影響に分類される．
(2) 放射線皮膚炎のうち，脱毛は，潜伏期が長く，晩発影響の一つとされる．
(3) 晩発影響の一つである発がんのうち，白血病は，その他のがんに比べて潜伏期がきわめて長い．
(4) 晩発影響の一つである白内障の潜伏期の長さは，1か月から2年程度で，被ばく線量の大小による影響を受けない．
(5) 晩発影響には，確定的影響に分類されるものと確率的影響に分類されるものが含まれる．

問⑩ エックス線被ばくによる末梢血液中の血球数の変化に関する次の記述のうち，誤っているものはどれか．
(1) 被ばくにより骨髄中の幹細胞が障害を受けると，末梢血液中の血球数は減少していく．
(2) 末梢血液中の血球数の変化は約 0.25 Gy の被ばくから認められる．
(3) 白血球のうちリンパ球は，造血器官中ではきわめて放射線感受性が高いが，末梢血液中での放射線感受性は，白血球の他の成分と同程度である．
(4) 被ばく直後に，末梢血液中の一部の血球が一時的に増加することがある．
(5) 末梢血液中の血球のうち，被ばく後減少が現れるのが最も遅いものは赤血球である．

問⑪ エックス線被ばくによる末梢血液中の血球成分への影響に関する次のAからDまでの記述について，正しいものの組合せは (1)〜(5) のうちどれか．
A 末梢血液中の血球数の変化は 250 mGy 程度の被ばくから認められる．
B 末梢血液中の赤血球の減少により，出血傾向が現れる．
C 末梢血液中の白血球の減少により，感染に対する抵抗力が弱くなる．
D 末梢血液の成分のうち，血小板は放射線感受性が低く，被ばく後減少が現れるのが最も遅い．
　(1) A, B　　(2) A, C　　(3) B, C　　(4) B, D　　(5) C, D

問⑫ 放射線被ばくによる白内障に関する次の記述のうち，正しいものはどれか．
(1) 放射線により眼の角膜が障害を受け，白内障が起こる．
(2) 白内障のしきい線量は，エックス線の急性被ばくでは約 1 Gy である．

3.6 問題演習

(3) 白内障の潜伏期は，被ばく線量の大小にかかわらず，平均して約6か月である．
(4) 白内障は，晩発性影響に分類される．
(5) 放射線被ばくによる白内障は，その症状により，老人性白内障と容易に識別することができる．

問13 胎内被ばくに関する次の記述のうち，誤っているものはどれか．
(1) 着床前期の被ばくでは，胚の死亡が起こることがあるが，被ばくしても生き残り発育を続けて出生した子供には，被ばくによる影響は見られない．
(2) 器官形成期の被ばくでは，奇形が発生することがある．
(3) 胎児期の被ばくでは，出生後，精神発達の遅滞が見られることがある．
(4) 胎内被ばくによる胎児の奇形の発生は，確定的影響によるものである．
(5) 胎内被ばくを受け出生した子供に見られる発育不全は，確率的影響によるものである．

問14 放射線による遺伝的影響に関する次のAからDまでの記述について，正しいもののみの組合せは(1)～(5)のうちどれか．
A 生殖細胞が被ばくしたときに生じる影響は，すべて遺伝的影響である．
B 遺伝的影響の原因となる生殖細胞の突然変異には，遺伝子突然変異と染色体異常がある．
C 小児が被ばくした場合でも，その子孫に遺伝的影響が生じるおそれがある．
D 放射線照射により，突然変異率を自然における値の2倍にする線量を倍加線量といい，その値が小さいほど遺伝的影響は起りにくい．
　(1) A, B　　(2) A, C　　(3) B, C　　(4) B, D　　(5) C, D

問15 次のAからDまでの放射線皮膚炎の症状のうち，皮膚に6 Gy程度のエックス線を短時間に1回被ばくした後，数週間以内に生じるとされているものの組合せは(1)～(5)のうちどれか．
A 紅斑（こうはん）　B 水疱（すいほう）　C 脱毛　D 潰瘍（かいよう）
　(1) A, C　　(2) A, D　　(3) B, C　　(4) B, D　　(5) C, D

問16 次の図は，マウスの全身に大線量のエックス線を，1回照射した後の平均生存日数と線量との関係をいずれも対数目盛りで示したものである．
図中の①～③の領域に関する次の記述のうち，正しいものはどれか．

3章　エックス線の生体に与える影響

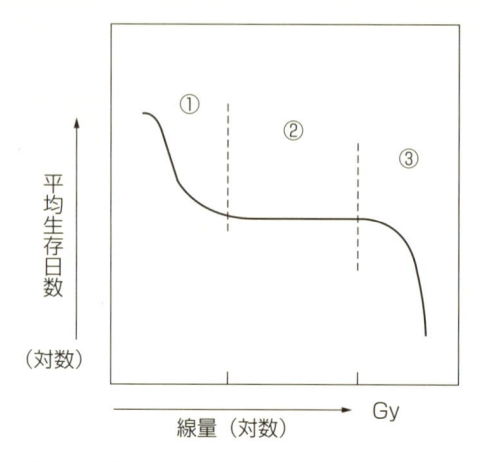

(グラフ：平均生存日数（対数）vs 線量（対数）Gy、領域①②③を示す)

(1) 被ばく線量 5 Gy は，①の領域にある．
(2) ①の領域における主な死因は，消化管の障害である．
(3) $LD_{50/30}$ に相当する線量は，②の領域にある．
(4) ②の領域における平均生存日数は，1か月程度であり，線量にかかわらずほぼ一定である．
(5) ③の領域における平均生存日数は，1〜2週間である．

問17　組織荷重係数に関する次のAからDまでの記述のうち，正しいものの組合せは（1）〜（5）のうちどれか．

A　各臓器・組織の確率的影響に対する相対的な放射線感受性を表す係数である．
B　組織荷重係数が最も大きい組織・臓器は，生殖腺(せん)である．
C　被ばくした組織・臓器の平均吸収線量に組織荷重係数を乗ずることにより，等価線量を得ることができる．
D　組織荷重係数は，どの組織・臓器においても1より大きい．

(1) A, B　　(2) A, C　　(3) B, C　　(4) B, D　　(5) C, D

問題の解答・解説

【問1】
解答　(4)
解説　(1) 誤り．直接作用ではなく，間接作用．
(2) 誤り．二次電子ではなく，ラジカル．

(3) 誤り．直接作用ではなく，間接作用．
(5) 誤り．どちらの作用による影響が大きいかは不明．

【問2】
解答 (3)
解説 A 誤り．生物の種類ではなく，放射線の種類．
B，C 正しい．
D 誤り．すべての個体ではなく，50％の個体．

【問3】
解答 (1)
解説 A，B 正しい．
C 誤り．哺乳動物細胞ではシグモイド型．
D 誤り．標的に1個のヒットを与える線量．

【問4】
解答 (2)
解説 図3・1参照．

【問5】
解答 (5)
解説 (1) 誤り．S字状曲線ではなく，直線．
(2) 誤り．障害の重篤度は，線量の増加により変化．
(3) 誤り．白内障は晩発性であるが，確定的影響．
(4) 誤り．確率的影響ではなく，確定的影響．

【問6】
解答 (2)
解説 肺がん以外は，しきい値のある確定的影響．

【問7】
解答 (3)
解説 A 誤り．白内障の潜伏期は1～2年．
B，C 正しい．

3章　エックス線の生体に与える影響

D　誤り．しきい値は確定的影響において存在．

【問8】
解答　(3)
解説　(1) 誤り．異常は認められない．
(2) 誤り．すべての人には現れない．
(4) 誤り．中枢神経死は 100 Gy 以上．
(5) 誤り．腸死の線量は 10 ～ 100 Gy．

【問9】
解答　(5)
解説　(1) 誤り．晩発影響の潜伏期は数か月～数十年．
(2) 誤り．潜伏期は 2 ～ 3 週間であり，早期影響．
(3) 誤り．潜伏期は平均 8 年で，他のがんの 10 年以上より短い．
(4) 誤り．潜伏期は平均で 1 ～ 2 年．被ばく線量の大小に影響を受ける．

【問10】
解答　(3)
解説　(3) 誤り．末梢血液中でも他の成分より高い．
他は正しい．

【問11】
解答　(2)
解説　A，C　正しい．
B　誤り．
D　誤り．血小板ではなく，赤血球．

【問12】
解答　(4)
解説　(1) 誤り．白内障は水晶体の混濁．
(2) 誤り．急性披ばくでは約 5 Gy．
(3) 誤り．潜伏期は 1 ～ 2 年．
(5) 誤り．識別は困難．

3.6 問題演習

【問13】
解答 (5)
解説 (5) 誤り．確率的影響ではなく，確定的影響．
他は正しい．

【問14】
解答 (3)
解説 A 誤り．身体的影響も生じる．
B，C 正しい．
D 誤り．小さいほど起こりやすい．

【問15】
解答 (1)
解説 表3·1参照．

【問16】
解答 (1)
解説 (2) 誤り．消化管ではなく，造血器官．
(3) 誤り．②ではなく，①．$LD_{50/30}$ は，30日以内に集団中の50％の個体が死亡する線量を意味する．
(4) 誤り．1か月程度ではなく，2〜6日．
(5) 誤り．1〜2週間ではなく，1日以内．

【問17】
解答 (1)
解説 A，Bの記述は正しい．
C 誤り．組織荷重係数ではなく，放射線荷重係数．
D 誤り．組織荷重係数は合計が1．

4章 関係法令

4.1 関係法令の体系の概要

　昭和47年の「**労働安全衛生法**」の制定（法律第57号）を機に，「**電離放射線障害防止規則**」（**電離則**）は，他の労働安全衛生関連の規則類と同様に，新たな規則として発足しました．それ以後，労働者を放射線障害から保護することを目的として，労働安全衛生法が適用される事業所で放射線を取り扱う場合には，「電離則」およびそれに基づく告示などの関係法令を遵守しなければならないこととなりました．その後，放射線障害防止関係法令は，**ICRP**（International Commission on Radiological Protection：**国際放射線防護委員会**）の勧告などによって幾度かの部分的な改正が行われ，現在に至っています．現在の放射線障害防止関係法令の体系を図4・1に示します．

　なお，本書では，これらの「関係法令」の中から，エックス線作業主任者に関係する下記の主な4つの法令を取り上げ，特に試験に関連する条文に絞って解説します．全容については，中央労働防災防止協会・安全衛生情報センターのホームページ（http://www.jaish.gr.jp）で閲覧でき，また，同協会から，詳しい解説書「電離放射線障害防止規則の解説」も出版されていますので，必要な場合は，それらを利用してください．

　(1) 電離放射線障害防止規則　　（条文は「規則第〇〇条」と示す.）
　(2) 労働安全衛生法　　　　　　（条文は「労安法第〇〇条」と示す.）
　(3) 労働安全衛生規則　　　　　（条文は「労安規則第〇〇条」と示す.）
　(4) 労働安全衛生法施行令　　　（条文は「労安法施行令第〇〇条」と示す.）

4章 関係法令

```
法　律 ┌─────────────────────────┐
       │   労働安全衛生法         │
       │ （昭和47年法律第57号）   │
       └─────────────────────────┘
                  │
政　令 ┌─────────────────────────┐
       │  労働安全衛生法施行令   │
       │ （昭和47年政令第318号） │
       └─────────────────────────┘
```

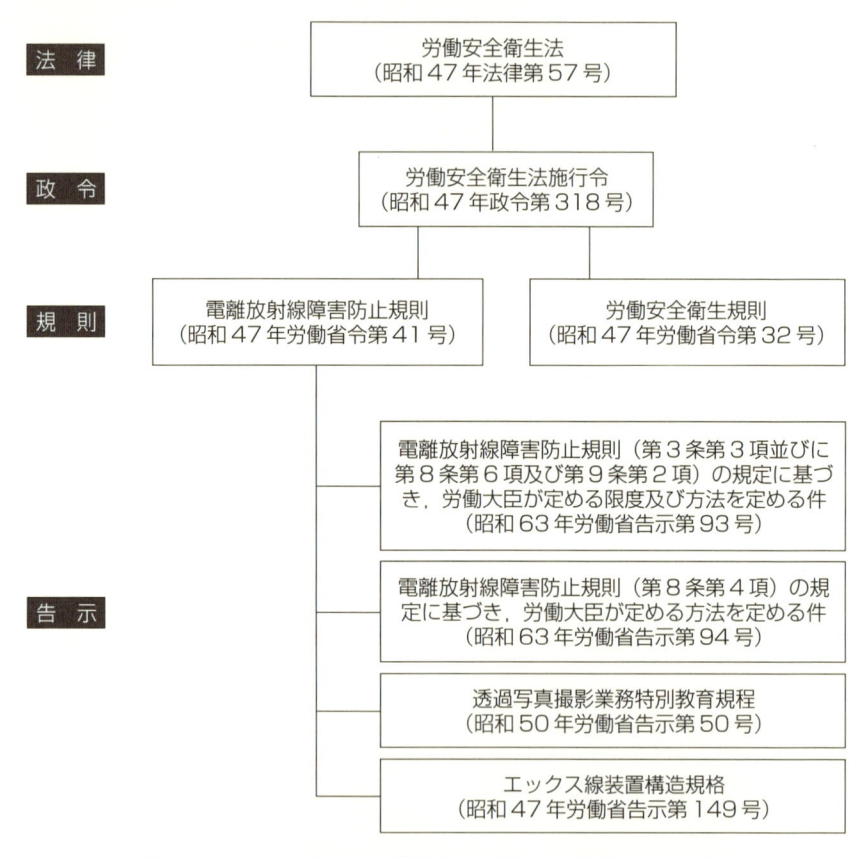

規　則
- 電離放射線障害防止規則（昭和47年労働省令第41号）
- 労働安全衛生規則（昭和47年労働省令第32号）

告　示
- 電離放射線障害防止規則（第3条第3項並びに第8条第6項及び第9条第2項）の規定に基づき，労働大臣が定める限度及び方法を定める件（昭和63年労働省告示第93号）
- 電離放射線障害防止規則（第8条第4項）の規定に基づき，労働大臣が定める方法を定める件（昭和63年労働省告示第94号）
- 透過写真撮影業務特別教育規程（昭和50年労働省告示第50号）
- エックス線装置構造規格（昭和47年労働省告示第149号）

図4・1　エックス線による障害防止に関わる「関係法令」の体系

4.2　関係法令の読み方

① 法令の構成

　図4・1にも示されるように，法令は，一般に，「法律」，「政令」，「規則（省令）」および「告示」から構成され，後になるほど内容が具体的になります．また，法律の条文は，「法律」の場合は「法第○○条」，「政令」の場合は「令第○○条」と略して呼ばれることがあります．

② 条文の構成

条文は,「項」と「号」で構成され,「第○項」,「第○号」と呼びます．本書では,「項」を②, ③, ④, ……で表し,「号」を 1, 2, 3, ……で表します．「号」は, 必要な場合,「項」の中に箇条書きで記述されます．第 1 項はいずれの条文にも存在しますが, 複数の「項」がある場合でも番号（①）は付けない慣わしとなっています．これらは, 条文中で「第○条第○項第○号に規定される…」というような記述で, 他の条文にある規定事項を呼び出すときに用いられます．条文の構成および呼び方の例を下記に示します．

条　文	条文の呼び方
第 15 条　事業者は，次の装置又は機器…	：第 15 条第 1 項
1　エックス線装置	：第 15 条第 1 項第 1 号
2　荷電粒子を加速する装置	：第 15 条第 1 項第 2 号
3　エックス線若しくはケノトロンの…	：第 15 条第 1 項第 3 号
4　放射性物質を装備している装置	：第 15 条第 1 項第 4 号
②　事業者は，放射線装置室の入り口に…	：第 15 条第 2 項
③　第 3 条第 4 項の規定は，放射線装置…	：第 15 条第 3 項

③ 定　義

条文の各所において,「……という．」や「……をいう．」などの表現で, その法令に用いられる特有の語句を定義しています．法令を読み下すにあたって, それらの語句の意味を十分理解しておくことが大切です．たとえば, 電離則では, 次のような語句などは重要です．

　　（第 2 条）：「放射線」,「放射線業務」
　　（第 3 条）：「事業者」,「管理区域」
　　（第 4 条）：「放射線業務従事者」
　　（第 7 条）：「緊急作業」
　　（第 10 条）：「特定エックス線装置」

(第13条)：「工業用等」
(第15条)：「放射線装置」，「放射線装置室」，「線量当量率」
(第43条)：「所轄労働基準監督署長」

④ 境界値

　法令では，制限や範囲などを表すのに数値がよく用いられます．そして多くの場合，数値は，「以上」，「以下」，「未満」，「超える」といった語句が添えられ，ある量の境界値を示すために用いられます．「以上」，「以下」は境界値を含むことを意味し，「未満」，「超える」は境界値を含まないことを意味します．試験では，境界値を絡めた問題がよく出題されますので，それらの区別を意識して条文を読むことが大切です．

4.3　電離則・第1章（第1条〜第2条）
― 総　則 ―

① 放射線障害防止の基本原則

　エックス線はもちろん，電離放射線は，人体に対して悪い影響を及ぼすので，**事業者**はその基本的な態度として，労働者が放射線を受けることが少なくなるように努力すべきであるとしています．条文では次のように示されています．すなわち，労働者も慎重に作業を行い，被ばくを極力少なくするように心掛けなければなりません．

> 事業者は，労働者が電離放射線を受けることをできるだけ少なくするように努めなければならない．
> 　　　　　　　　　　　　　　　　　　　　　　　　　　　　（規則第1条）

　ここでいう**事業者**とは，労働安全衛生法第2条に基づく事業を行う者で，労働者を使用するものと定義されています．個人企業では事業主個人，会社その他の法人の場合には会社そのものが事業者となります．

② 定　義

　この規則は，**電離放射線**について，その範囲や用語の意味をはっきりさせるためにつくられたものです．規則第2条第1項では次のように定めています．

> 　この省令で「電離放射線」（以下「放射線」という．）とは，次の粒子線又は電磁波をいう．
> 　1　アルファ線，重陽子線及び陽子線
> 　2　ベータ線及び電子線
> 　3　中性子線
> 　4　ガンマ線及びエックス線　　　　　　　　　　（規則第2条第1項）

　この規則で，単に放射線と称した場合にはエックス線を含んでいることになります．

　放射線業務とは，規則第2条第3項で次のように定めています．

> 　この省令で「放射線業務」とは，労働安全衛生法施行令（以下「令」という．）別表第2に掲げる業務をいう．　　　　　　（規則第2条第3項）

　ここで，労働安全衛生法施行令には，「放射線業務」として次のように別表第2に規定されています．

> ①　エックス線装置の使用又はエックス線の発生を伴う当該装置の検査の業務
> ②　サイクロトロン，ベータトロンその他の荷電粒子を加速する装置の使用又は電離放射線（アルファ線，重陽子線，ベータ線，電子線，中性子線，ガンマ線及びエックス線をいう．）の発生を伴う当該装置の検査の業務
> ③　エックス線管若しくはケノトロンのガス抜き又はエックス線の発生を伴うこれらの検査の業務
> ④　厚生労働省令で定める放射性物質を装備している機器の取扱いの業務

4章　関係法令

⑤　前号の放射性物質又はこれによって汚染された物の取扱いの業務
⑥　原子炉の運転の業務
⑦　坑内における核原料物質（原子力基本法（昭和30年法律第186号）第3条第3号に規定する核原料物質をいう．）の掘採の業務

例題1　次の文章は電離放射線障害防止規則第1条である．（　）の中に入る語句を選びなさい．
（　A　）は，（　B　）が（　C　）を受けることを（　D　）少なくするよう努めなければならない．
A：　①事業者　　②従業員　　③労働者
B：　①事業者　　②従業員　　③労働者
C：　①ガンマ線　　②エックス線　　③電離放射線
D：　①極力　　②できるだけ　　④可能な限り

解答　A：①，　B：③，　C：③，　D：②
解説　第1条では，エックス線をはじめとする電離放射線は，人体に悪い影響があるので事業者の基本的な態度として，労働者の受ける放射線をできるだけ少なくなるように努めなければならないとしています．また，労働者もこの原則を理解して，慎重に作業を行って被ばくを極力避けるようにしなければなりません．

例題2　次の文章の（　）の中に入る語句を選びなさい．
この省令で（　A　）（以下「放射線」という）とは，次にあげる（　B　）または電磁波をいう．
（1）（　C　），重陽子線および陽子線
（2）（　D　）および電子線
（3）（　E　）
（4）ガンマ線および（　F　）
　　①アルファ線　　②エックス線　　③中性子線　　④電離放射線
　　⑤ベータ線　　⑥粒子線　　⑦紫外線

解答 A：④，B：⑥，C：①，D：⑤，E：③，F：②

解説 4.3節②項参照．
紫外線も電磁波の一種ですが，電離作用が弱いので規則では放射線の中には入っていません．

例題3 放射線業務についての次の文章の（　）の中に入る語句を選びなさい．
(1) （ A ）を発生させる装置の使用または（ B ）の発生を伴うその装置の検査
(2) （ C ）もしくは（ D ）の（ E ）またはそれらのエックス線の発生を伴う検査
(3) （ F ）を装備している機器の取扱い
　①アルファ線　②エックス線　③ガンマ線　④放射性物質
　⑤ケノトロン　⑥エックス線管　⑦ガス抜き

解答 解答 A：②，B：②，C：⑥，D：⑤，E：⑦，F：④

解説 4.3節②項参照．

4.4　電離則・第2章（第3条～第9条）
―管理区域と線量の限度および測定―

① 管理区域の明示

　放射線による危険性のある区域を管理区域に定めて，必要のない者の立入りを禁止し，また必要な標識や掲示をするように決められています．規則第3条では次のように定めています．

　放射線業務を行う事業の事業者（以下第62条を除いて「事業者」という.）は，外部放射線による実効線量と空気中の放射線物質による実効線量との合計が**3月間につき1.3 mSv**を超えるおそれのある区域（以下「管理区域

4章　関係法令

という.）を標識によって明示しなければならない.
② 前項に規定する外部放射線による実効線量の算定は，1cm線量当量について行うものとする.
③ 略
④ 事業者は，必要のある者以外の者を管理区域に立ち入らせてはならない.
⑤ 事業者は，管理区域内の労働者の見やすい場所に，第8条第3項の放射線測定器の装着に関する注意事項，放射性物質の取扱い上の注意事項，事故が発生した場合の応急の措置等，放射線による労働者の健康障害の防止に必要な事項を掲示しなければならない.　　　　　　　　　（規則第3条）

「**管理区域**」は，装置を移動して使用する場合も，これを据え付けて使用する場所ごとに定めなければいけません．また，管理区域は，だれにでもわかるようにロープを張ったり，床の上に白線，黄線，黄黒の縞模様などを引いたり，ついたてを立てて区画をはっきりさせたりするなどの処置を行う必要があります．

放射線の照射中に，労働者の身体の全部または一部がその内部に入ることのないように遮へいされた構造の放射線装置などを使用する場合であって，放射線装置などの外側のいずれの箇所においても，実効線量が3か月間につき1.3mSvを超えないものについては，当該装置の外側には管理区域が存在しないものとして取り扱うことが認められています．ただし，その場合であっても，装置の内部には管理区域が存在するので，標識によって明示することを必要とします．

この装置の例としては，エックス線照射ボックス付きエックス線装置などがあります．また，この装置には，外側での実効線量が規定値を超えないように遮へいされた照射ボックスの扉が閉じられた状態でなければエックス線が照射されないようなインターロック機能の付いた構造のものがあります．空港の手荷物検査装置もこれに類します．

管理区域の設定等にあたっての留意事項は別途定められていますが，測定箇所について，測定点の高さは作業床面上約1mの位置とすることとなっています．

また，新たに施設等における線量の限度について規則が定められました．規則第3条の2では次のように定めています．

4.4 電離則・第2章（第3条～第9条）

> 　事業者は，第15条第1項の放射線装置室，第22条第2項の放射性物質取扱作業室，第33条第1項の貯蔵施設又は第36条第1項の保管廃棄施設について，遮へい壁，防護ついたてその他の遮へい物を設け，又は局所排気装置若しくは放射性物質のガス，蒸気若しくは粉じんの発散源を密閉する設備を設けて，労働者が常時立ち入る場所における外部放射線による実効線量と空気中の放射性物質による実効線量との合計を一週間につき1mSv以下にしなければならない．
> ②　前条第2項の規定は，前項に規定する外部放射線による実効線量の算定について準用する．
> ③　第1項に規定する空気中の放射性物質による実効線量の算定は，1 mSvに週平均濃度の前条第3項の厚生労働大臣が定める限度に対する割合を乗じて行うものとする．
> 　　　　　　　　　　　　　　　　　　　　　　　　　　（規則第3条の2）

　管理区域に立ち入る労働者の区分は「**放射線業務従事者**」と「**管理区域に一時的に立ち入る労働者**」に分けられています．「放射線業務従事者」は管理区域内で前述の「放射線業務」に従事する労働者を指します．「一時的に立ち入る労働者」とは，放射線業務従事者との連絡，放射線業務の監督のために一時的に立ち入る場合など，放射線業務を行わない者を指します．

② 放射線業務従事者の被ばく限度

　放射線業務従事者の被ばく限度については，規則第4条で次のように定めています．

> 　事業者は，管理区域内において放射線業務に従事する労働者（以下「放射線業務従事者」という．）の受ける実効線量が**5年間につき100 mSv**を超えず，かつ，**1年間につき50 mSv**を超えないようにしなければならない．
> ②　事業者は，前項の規定にかかわらず，女性の放射線業務従事者（妊娠する可能性がないと診断されたもの及び第6条に規定するものを除く．）の受ける実効線量については，**3月間につき5 mSv**を超えないようにしなけれ

ばならない． (規則第 4 条)

「管理区域に一時的に立ち入る労働者」については実効線量当量の年限度が設けられていませんが，第 4 条の限度より低く抑える必要があります．

また，放射線業務従事者の受ける等価線量限度については，規則第 5 条および第 6 条で次のように規定しています．

> 事業者は，放射線業務従事者の受ける等価線量が，眼の水晶体に受けるものについては **1 年間につき 150 mSv**，皮膚に受けるものについては **1 年間につき 500 mSv** を，それぞれ超えないようにしなければならない．
> (規則第 5 条)
>
> 事業者は，妊娠と診断された女性の放射線業務従事者の受ける線量が，妊娠と診断されたときから出産までの間（以下「妊娠中」という．）につき次の各号に掲げる線量の区分に応じて，それぞれ当該各号に定める値を超えないようにしなければならない．
> 1　内部被ばくによる実効線量については，**1 mSv**
> 2　腹部表面に受ける等価線量については，**2 mSv**
> (規則第 6 条)

③ 緊急作業時における被ばく限度

事故などの緊急作業に従事する者に対して，第 4 条に規定する限度を超えて放射線を受けさせることを認めています．規則第 7 条では次のように定めています．

> 事業者は，第 42 条第 1 項各号のいずれかに該当する事故が発生し，同項の区域が生じた場合における放射線による労働者の健康障害を防止するための応急の作業（以下「緊急作業」という．）を行うときは，当該緊急作業に従事する男子及び妊娠する可能性がないと診断された女性放射線業務従事者については，第 4 条第 1 項及び第 5 条の規定にかかわらず，これらの規定に規定する限度を超えて放射線を受けさせることができる．

② 前項の場合において，当該緊急作業に従事する間に受ける線量は，次の各号に掲げる線量の区分に応じて，それぞれ当該各号に定める値を超えないようにしなければならない．
  1　実効線量については，100 mSv
  2　眼の水晶体に受ける等価線量については，300 mSv
  3　皮膚に受ける等価線量については，1 Sv
③　前項の規定は，放射線業務従事者以外の男性及び妊娠する可能性がないと診断された女性の労働者で，緊急作業に従事するものについて準用する．

(規則第7条)

　放射線業務従事者を緊急作業に従事させた結果，これまでの実効線量当量の合計が第4条に規定する年50 mSV を超えた場合には，当該年の残りの期間はそれ以上被ばくさせてはなりません．同時に，その時点から向こう1年間は被ばく量の低減化を配慮しなければなりません．

④ 線量の測定

　放射線業務従事者，管理区域に一時的に立ち入る労働者および緊急作業に従事する労働者の外部被ばくによる線量および内部被ばくによる線量を測定するように規定されています．規則第8条では次のように定めています．

　事業者は，放射線業務従事者，緊急作業に従事する労働者及び管理区域に一時的に立ち入る労働者の管理区域内において受ける外部被ばくによる線量及び内部被ばくによる線量当量を測定しなければならない．
②　前項の規定による外部被ばくによる線量の測定は，1cm 線量当量及び 70 μm 線量について行うものとする．ただし，次項の規定により，同項第3号に掲げる部位に放射線測定器を装着させて行う測定は，70 μm 線量当量について行うものとする．
③　第1項の規定による外部被ばくによる線量の測定は，次の各号に掲げる部位に放射線測定器を装着させて行わなければならない．ただし，放射線測定器を用いてこれを測定することが著しく困難な場合には，放射線測定器

によって測定した線量当量率を用いて算出し，これが著しく困難な場合には，計算によってその値を求めることができる．
　1　男性又は妊娠する可能性がないと診断された女性にあっては胸部，その他の女子にあっては腹部
　2　頭・頸部，胸・上腕部及び腹・大腿部のうち，最も多く放射線にさらされるおそれのある部位（これらの部位のうち最も多く放射線にさらされるおそれのある部位が男性又は妊娠する可能性がないと診断された女性にあっては胸・上腕部，その他の女性にあっては腹・大腿部である場合を除く．）
　3　最も多く放射線にさらされるおそれのある部位が頭・頸部，胸・上腕部及び腹・大腿部以外の部位であるときは，当該最も多く放射線にさらされるおそれのある部位
④　（省略）
⑤　第1項の規定による内部被ばくによる線量の測定に当たっては，厚生労働大臣が定める方法によってその値を求めるものとする．
⑥　放射線業務従事者，緊急作業に従事する労働者及び管理区域に一時的に立ち入る労働者は，第3項ただし書の場合を除き，管理区域内において，放射線測定器を装着しなければならない．　　　　　　　（規則第8条）

第1項の「一時的に立ち入る労働者」について，次の場合には測定を行ったとみなしても差し支えありません．
　① 　実効線量が計算で求められ，その値が **0.1 mSv を超えない**ことが確認できる場合または管理区域内において，放射線業務従事者と行動を共にする場合で，明らかに 0.1mSv を超えないことが確認できるとき．
　② 　内部被ばくがない場合，または内部被ばくによる実効線量が空気中の放射性物質の濃度および立入り時間により算出でき，その値が **0.1 mSv を超えない**ことが確認できるとき．
上記のように，測定を行ったとみなした場合には，立入りの記録を行い1年間保存することが大切です．

4.4 電離則・第2章（第3条～第9条）

表4・1 外部被ばくによる線量の測定部位（図4・2参照）

		男性および妊娠する可能性がないと診断された女性	その他の女性
1．体幹部均等被ばくの場合		胸部（1か所）	腹部（1か所）
2．不均等被ばくの場合	イ．頭・頸部が最も被ばくする場合	頭・頸部，胸部（2か所）	頭・頸部，腹部（2か所）
	ロ．胸・上腕部が最も被ばくする場合	胸部（1か所）	胸部，腹部（2か所）
	ハ．腹・大腿部が最も被ばくする場合	胸部，腹部（2か所）	腹部（1か所）
	ニ．上記以外の部位に最も被ばくする場合	胸部と当該部位	腹部と当該部位

〔注〕 1）上記で背面に最も多く受ける場合はその背面に装着します．
　　　2）白衣型防護衣着用の場合は防護衣で覆われていない頭・頸部および防護衣の内側の胸部（女子は腹部）に1個，計2個装着します．

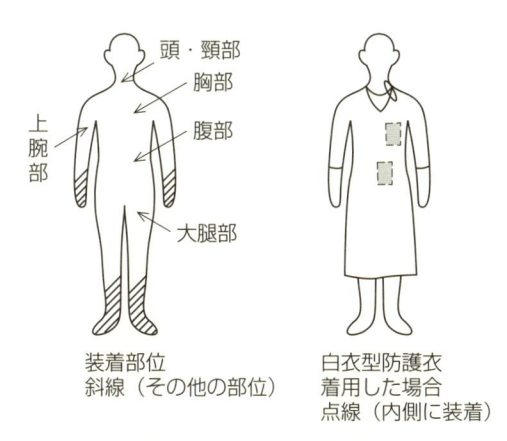

図4・2 線量計の装着部位

5 線量の測定結果の確認，記録等

　被ばく線量を3か月間という長い期間ごとに確認していると，第4条および第5条で定められた限度（年限度 50 mSv，5年 100 mSV）を途中で超えてしまうおそれがあります．これを防ぐための確認の徹底と，記録保存について規定されています．規則第9条では次のように定めています．

4章　関係法令

　事業者は，1日における外部被ばくによる線量が1cm線量当量について1mSvを超えるおそれのある労働者については，前条第1項の規定による外部被ばくによる線量の測定の結果を毎日確認しなければならない．

② 　事業者は，前条第3項又は第5項の規定による測定又は計算の結果に基づき，次の各号に掲げる放射線業務従事者の線量を，遅滞なく，厚生労働大臣が定める方法により算定し，これを記録し，これを**30年間保存**しなければならない．

　ただし，当該記録を5年間保存した後において，厚生労働大臣が指定する機関に引き渡すときは，この限りでない．

1　男性又は妊娠する可能性がないと診断された女性の実効線量の3月ごと，1年ごと及び5年ごとの合計（5年間において，実効線量が1年間につき20mSvを超えたことのない者にあっては3月ごと及び1年ごとの合計）

2　女性（妊娠する可能性がないと診断されたものを除く）の実効線量の1月ごと，3月ごと及び1年ごとの合計（1月間に受ける実効線量が1.7mSvを超えるおそれのないものにあっては，3月ごと及び1年ごとの合計）

3　人体の組織別の等価線量の3月ごと及び1年ごとの合計

4　妊娠中の女性の内部被ばくによる実効線量及び腹部表面に受ける等価線量の1月ごと及び妊娠中の合計

③　事業者は，前項の規定による記録に基づき，放射線業務従事者に同項各号に掲げる線量を，遅滞なく，知らせなければならない．　　　（規則第9条）

　さらに高い被ばくを受けるおそれがある場合は，毎日の確認でも危険な場合が生じます．この場合は，警報装置付きの線量計を用いることが必要です．

　記録の様式については規定されていませんので，必要事項が記録されていればよいことになります．

　厚生労働大臣が定める算定方法　　条文にある算定の方法は，厚生労働省告示（第3条）に規定されています．その方法によると，実効線量の算定は，1cm線

4.4 電離則・第2章（第3条～第9条）

量当量を外部被ばく実効線量とし，内部被ばくによる実効線量を加算して行います．また，この他の部位は，以下のように算定します．

① 目の水晶体の等価線量の算定は，1 cm 線量当量または 70 μm 線量当量のうち，いずれか適切なものによって行います．

② 皮膚の等価線量の算定は，70 μm 線量当量（中性子線の場合にあっては 1 cm 線量当量）によって行います．

③ 女子の腹部の等価線量の算定は，腹・大腿部における 1 cm 線量当量によって行います．

例題 4　次の文章の（　）の中に入る語句または数値を選びなさい．

管理区域とは，（ A ）による実効線量と空気中の放射性物質による実効線量との合計が（ B ）につき（ C ）mSv を超えるおそれのある区域である．

また，その区域は標識によって明示し，（ D ）は立入りを禁止される．

A：①外部放射線　　②外部放射能

B：①1日間　　②1週間　　③3か月間

C：①0.1　　②0.3　　③1.3

D：①必要ある者以外の者　　②放射線業務従事以外の者

解答　A：①，　B：③，　C：③，　D：①

解説　管理区域とは，外部放射線または空気中の放射性物質による危険性のある区域を定めて，必要のない者の立入りを禁止し，そこで働く労働者によくわかるよう標識や掲示をするように決められた区域のことです．

また，管理区域となる線量は，人体に直接関係のある実効線量当量で，3か月間で 1.3 mSv を超えるおそれのある区域としています．

例題 5　今年，これまでに 30 mSv の被ばく線量当量を受けている放射線業務従事者が緊急作業によって2日間に 10 mSv の線量当量を受けた場合，今年中に受けることが許される線量当量は（ A ）mSv までである．

A：①0　　②10　　③20　　④30

解答 A：②
解説 1年間に受けることのできる線量当量は 50 mSv を超えないようにしなければならないから，50 − 30 − 10 = 10 mSv となります．

4.5　電離則・第3章（第10条～第21条）
―外部放射線の防護―

1　照射筒

　エックス線装置は，エックス線を利用するために発生させる装置ですが，実際に利用されるのは，発生したエックス線の一部分です．したがって，利用されない不要なエックス線をできるだけ遮へいして，外部に漏れないようにすることが必要です．このために，照射筒を用いるように定められています．規則第10条第1項では次のように規定しています．

> 　事業者は，エックス線装置（エックス線を発生させる装置で，令別表第2第2号の装置以外のものをいう．以下同じ．）のうち令第13条第3項第22号に掲げるエックス線装置（以下「特定エックス線装置」という．）を使用するときは，利用線錐の放射角がその使用の目的を達するために必要な角度を超えないようにするための照射筒又はしぼりを用いなければならない．
> 　ただし，照射筒又はしぼりを用いることにより特定エックス線装置の使用の目的が妨げられる場合は，この限りでない．　　　　　（規則第10条第1項）

　ここで，特定エックス線装置というのは，波高値による定格管電圧が **10 kV**（10 000 V）**以上のエックス線装置**をいいます．ただし，エックス線またはエックス線装置の研究または教育のために使用のつど組み立てるもの，および薬事法に規定する医療用具の一部を除いたものです．
　放射角とは，エックス線の放射口から放射されるエックス線の線束によってつくられる円錐または四角錐の頂角のことです．

4.5 電離則・第3章（第10条～第19条）

また，ここでいう「その使用の目的が妨げられる」というのは，単にめんどうであるとか，作業に少々さしつかえがあるといった程度では該当しません．被照射体の形や装置の使用場所などの条件のために，どのような寸法の照射筒を取り付けても，その装置の使用目的を達成できないような場合に限られます．（例：残留応力測定装置など）

照射筒の規格は，厚生労働大臣が「エックス線装置等構造規格」の中で定めています．

② ろ過板

特定エックス線装置では，ろ過板を使用するように定められています．規則第11条では次のように規定しています．

> 事業者は，特定エックス線装置を使用するときは，ろ過板を用いなければならない．ただし，作業の性質上軟線を利用しなければならない場合又は労働者が軟線を受けるおそれがない場合には，この限りではない．
>
> （規則第11条）

ここで，作業の性質上軟線を利用しなければならない場合というのは，例えば，蛍光エックス線分析，アルミニウムなどの軽金属薄板の溶接部の透過撮影などがそれに当たります．また，労働者が軟線を受けるおそれがないというのは，装置の周囲の遮へいが十分にされていて，エックス線の照射中に労働者がその内部に身体や手足などを入れることができないようになっている場合をいいます．

軟線とは，波長の長い低エネルギーのエックス線のことをいいます．軟線には，
(1) 透過力が弱い．
(2) 散乱線の発生を増加させる．
(3) 皮膚のエネルギー吸収が多いため皮膚に悪い影響を与える．
など，作業上，不利な点が多いことから，通常は，放射口にろ過板を取り付けて軟線をカットします．

4章　関係法令

③ 間接撮影時の措置

規則第12条で次のように定めています．

事業者は，特定エックス線装置を用いて間接撮影を行うときは，次の措置を講じなければならない．ただし，エックス線の照射中に間接撮影の作業に従事する労働者の身体の全部又は一部がその内部に入ることがないように遮へいされた構造の特定エックス線装置を使用する場合は，この限りでない．

1　利用するエックス線管焦点受像器間距離において，エックス線照射野が受像面を超えないようにすること．（➡図4・3参照）

2　胸部集検用間接撮影エックス線装置及び医療用以外（以下「工業用等」という．）の特定エックス線装置については，受像器の一次防護遮へい体は，装置の接触可能表面から **10 cm** の距離における自由空気中の空気カーマ（次号において「空気カーマ」という．）が1回の照射につき **1.0 μGy** 以下になるようにすること．

3　胸部集検用間接撮影エックス線装置及び工業用等の特定エックス線装置については，被照射体の周囲には，箱状の遮へい物を設け，その遮へい物から **10 cm** の距離における空気カーマが1回の照射につき **1.0 μGy** 以下になるようにすること．

② 前項の規定にかかわらず，事業者は，次の各号に掲げる場合においては，それぞれ当該各号に掲げる措置を講ずることを要しない．

1　受像面が円形でエックス線照射野が矩形の場合において，利用するエックス線管焦点受像器間距離におけるエックス線照射野が受像面に外接する大きさを超えないとき．前項第1号の措置

2　（省略）

3　第15条第1項ただし書の規定により，特定エックス線装置を放射線装置室以外の場所で使用する場合　前項第2号及び第3号の措置

4　間接撮影の作業に従事する労働者が，照射時において，第3条の2第1項に規定する場所に容易に退避できる場合　前項第3号の措置

（規則第12条）

4.5　電離則・第3章（第10条～第19条）

間接撮影とは，蛍光板で受けた画像をいったん転送してフィルムに記録する撮影方法を指します．

自由空気とは，壁等によって空気の運動が妨げられることのないような空間にある空気のことを指します．

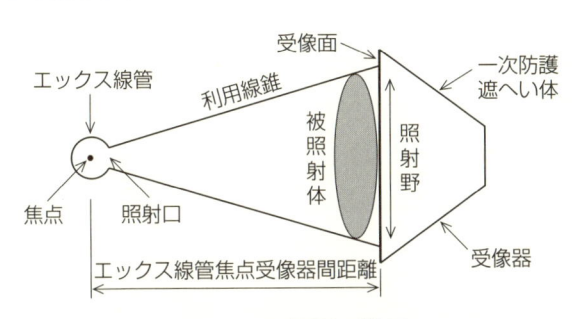

図4・3　照射野と受像面

④ 透視時の措置

規則第13条で次のように定めています．

> 事業者は，特定エックス線装置を用いて透視を行うときは，次の措置を講じなければならない．ただし，エックス線の照射中に透視の作業に従事する労働者の身体の全部又は一部がその内部に入ることがないように遮へいされた構造の特定エックス線装置を使用する場合は，この限りでない．
> 1　透視の作業に従事する労働者が，作業位置でエックス線の発生を止め，又はこれを遮へいすることができる設備を設けること．
> 2　定格管電流の**2倍以上**の電流がエックス線管に通じたときに，直ちにエックス線管回路を開放位にする自動装置を設けること．
> 3　利用するエックス線管焦点受像器間距離において，エックス線照射野が受像面を超えないようにすること．
> 4　利用線錐中の受像器を通過したエックス線の空気中の空気カーマ率（以下「空気カーマ率」という．）が，医療用の特定エックス線装置については利用線錐中の受像器の接触可能表面から10 cmの距離において150 μGy/h

以下，工業用等の特定エックス線装置についてはエックス線管の焦点から **1m** の距離において **17.4 μGy/h** 以下になるようにすること．

5 透視時の最大受像面を 3.0 cm 超える部分を通過したエックス線の空気カーマ率が，医療用の特定エックス線装置については当該部分の接触可能表面から **10 cm** の距離において **150 μGy/h** 以下，工業用等の特定エックス線装置についてはエックス線管の焦点から **1 m** の距離において **17.4 μGy/h** 以下になるようにすること．

6 被照射体の周囲には，利用線錐以外のエックス線を有効に遮へいするための適当な設備を備えること．

② 前項の規定にかかわらず，事業者は，次の各号に掲げる場合においては，それぞれ当該各号に掲げる措置を講ずることを要しない．

1 （省略）

2 受像面が円形でエックス線照射野が矩形の場合において，利用するエックス線管焦点受像器間距離におけるエックス線照射野が受像面に外接する大きさを超えないとき　前項第 3 号の措置

3 （省略）

4 第 15 条第 1 項ただし書の規定により，特定エックス線装置を放射線装置室以外の場所で使用する場合　前項第 4 号から第 6 号までの措置

（規則第 13 条）

ここで透視とは，エックス線を連続的または周期的に照射して画像を観察することですが，蛍光板上の画像を直接観察することは行われなくなっており，画像を転送して間接透視する場合といえます．

⑤ 標識の掲示

規則第 14 条で次のように定めています．

事業者は，次の表の左側に掲げる装置又は機器については，その区分に応じてそれぞれ同表の右欄に掲げる事項を明記した標識を，当該装置若しくは機器又はそれらの付近の見やすい場所に掲げなければならない．

4.5 電離則・第3章（第10条～第19条）

表4・2

装置又は機器	掲示事項
サイクロトロン，ベータトロンその他の荷電粒子を加速する装置（以下「荷電粒子を加速する装置」という）	装置の種類，放射線の種類及び最大エネルギー
放射性物質を装置している機器	機器の種類，装備している放射性物質に含まれた放射性同位元素の種類及び数量（単位ベクレル）当該放射性物質を装備した年月日ならびに所有者の氏名又は名称

（規則第14条）

　ここで標識は，その大きさ，形などについては規定されていませんが，だれにでもわかりやすく見やすい場所に掲示します．

　エックス線装置の定格出力は，次のような項目について表示します．

変圧器式　　　連続定格　　　管電圧〔kV〕
　　　　　　　　　　　　　　管電流〔mA〕
　　　　　　短時間定格　　　管電圧〔kVp〕
　　　　　　　　　　　　　　管電流〔mA〕
　　　　　　　　　　　　　　時　間　秒〔s〕

⑥ 放射線装置室

規則第15条で次のように定めています．

　事業者は，次の装置又は機器（以下「放射線装置」という．）を設置するときには，専用の室（以下「放射線装置室」という．）を設け，その室内にこれを設置しなければならない．ただし，その外側における外部放射線による1cm線量当量率が **20 μSv/h を超えない**ように遮へいされた構造の放射線装置を設置する場合，又はそれらを随時移動させて使用しなければならない場合，その他放射線装置を放射線装置室内に設置することが，著しく使用の目的を妨げ，若しくは作業の性質上困難である場合には，この限りでない．

　1　エックス線装置

> 2　荷電粒子を加速する装置
> 3　エックス線管若しくはケノトロンのガス抜き，又はエックス線の発生を伴う検査を行う装置
> 4　放射性物質を装備している機器
>
> ②　事業者は，放射線装置室の入口に，その旨を明記した標識を掲げなければならない．
> ③　第3条第4項の規定は，放射線装置室について準用する．
>
> (規則第15条)

　ここで，放射線装置室に設置しなくてもよい設備として，装置の外側が $20\,\mu\text{Sv/h}$ を超えないように遮へいされた構造の装置であればよいことになりますが，装置の外側とは，装置の表面のすべての箇所となるので，利用線錐の方向も含まれることになります．したがって，利用線錐以外の放射線が遮へいされていると同時に，利用線錐も所定の遮へい能力を有する材料で完全密閉されていることが必要です．

　また，エックス線装置を用いて，組み立て・据え付け現場において船舶や容器の溶接部を検査するような場合にも設置しなくてもよいとされています．ここで注意することは，携帯式エックス線装置であっても，常に一定の場所で使用しているものであれば，放射線装置室に設置しなければなりません．

⑦ 警報装置

規則第17条で次のように定めています．

> 　事業者は，次の場合には，その旨を関係者に周知させる措置を講じなければならない．この場合において，その周知の方法は，その放射線装置を放射線装置室以外の場所で使用するとき，又は管電圧 **150 kV 以下**のエックス線装置，若しくは数量が **400 GBq** 以下の放射性物質を装備している機器を使用するときを除き，自動警報装置によらなければならない．
> 　1　エックス線装置又は荷電粒子を加速する装置に電力が供給されている場合

> 2　エックス線管若しくはケノトロンのガス抜き又はそれらエックス線の発生を伴う検査を行う装置に電力が供給されている場合
> 3　（省略）　　　　　　　　　　　　　　　　　　（規則第17条第1項）

　この規則によると，放射線装置室外で使用するエックス線装置の場合は，その能力の大きさに関係なく，自動警報装置とする必要はありません．また，放射線装置室に設置しているエックス線装置は，管電圧150 kV以下の装置についてのみ自動警報装置としなくてもよいことになっています．

　ここでいう自動警報装置とは，装置に電力を供給したとき，自動的にエックス線装置の操作用のスイッチと連動する仕組みとなっている標示灯，ベル，ブザーなどです．

　また，第2項では出入口にはインターロックを設けるように定められています．

> 事業者は，荷電粒子を加速する装置又は100TBq（テラベクレル）を超える放射性物質を装備している機器を使用する放射線装置室の出入口で人が通常出入りするものにはインターロックを設けなければならない．
> 　　　　　　　　　　　　　　　　　　　　　　（規則第17条第2項）

⑧ 立入禁止

規則第18条で次のように定めています．

> 　事業者は，第15条第1項ただし書の規定により，工業用等のエックス線装置又は放射性物質を装備している機器を放射線装置室以外の場所で使用するときは，そのエックス線管の焦点又は放射線源及び被照射体から**5 m以内**の場所（外部放射線による実効線量が1週間につき**1 mSv**以下の場所を除く．）に，労働者を立ち入らせてはならない．ただし，放射性物質を装備している機器の線源容器内に放射線源が確実に収納され，かつ，シャッターを有する線源容器にあっては当該シャッターが閉鎖されている場合におい

4章　関係法令

て，線源容器から放射線源を取り出すための準備作業，線源容器の点検作業その他必要な作業を行うために立ち入るときは，この限りでない．
②　（省略）
③　第3条第2項の規定は，第1項（前項において準用する場合を含む．次項において同じ．）に規定する外部放射線による実効線量の算定について準用する．
④　事業者は，第1項の規定により労働者が立ち入ることを禁止されている場所を標識により明示しなければならない．　　　　　（規則第18条）

　この規則では，第15条で定められている放射線装置室への設置が除外されている放射線装置を使用する場合は，完全な遮へい物を設けることは困難であり，そのために装置に近づいた労働者が多量の放射線を受ける危険があるので，放射線の発生源に近い一定の範囲を立入禁止区域としています．この立入禁止区域は，第3条の管理区域とは別個のものですので，立入禁止区域のほかに管理区域を設けなければなりません．なお，「1週間につき1mSv以下の場所を除外」するのは，規則第3条の2第1項との関連からです．

例題6　次の文章の（　）の中に入る語句を選びなさい．
　事業者は（ A ）エックス線装置を使用する場合には（ B ）を用いなければならない．ただし，作業の性質上（ C ）を利用しなければならない場合または労働者が（ C ）を受けるおそれがない場合には，この限りでない．
A：　①一体形　　②据置形　　③特　殊　　④特　定
B：　①ろ過板　　②絞　り　　③マスク　　④遮へい板
C：　①硬　線　　②軟　線　　③散乱線　　④直接線

解答　A：④，　B：①，　C：②
解説　特定エックス線装置を使用するときは，ろ過板を用いて軟線の部分をカットします．ただし，軟線を用いて行う蛍光エックス線分析などや，装置の周囲が遮へいされていてエックス線の照射中に身体・手足などがその部分に入る危険がない場合などには，ろ過板を用いなくてもよいとされています．

4.5 電離則・第3章（第10条～第19条）

例題 7 次の文章の（ ）の中に入る語句選びなさい．

事業者は，たとえば，エックス線装置または機器について，その（ A ）に応じ，それぞれ決められた（ B ）を明記した標識を，当該装置もしくは機器またはそれらの（ C ）の見やすい場所に掲げなければならない．

A： ①区　分　　②種　類　　③管理基準　　④使用目的
B： ①仕様事項　②注意事項　③掲示事項　　④取扱事項
C： ①保管場所　②設置場所　③監視場所　　④付　近

解答 A：①，　B：③，　C：④

解説 エックス線装置では，だれにでもわかりやすく見やすい場所に，その装置の種類，放射線の種類および最大エネルギーなどを掲示するように定められています．

例題 8 次の文章の（ ）の中に入る語句または数値を選びなさい．

(1) エックス線装置を設置する専用の室は（ A ）という．
(2) 装置または機器を設置する専用の室を設けなくてよいのは，それらの側における外部放射線による（ B ）が（ C ）μSv/h を超えないように遮へいされた構造のものを設置する場合またはそれらを随時（ D ）使用しなければならない場合，その他それらを（ A ）内に設置することが著しくそれらの使用の目的を妨げ，もしくは作業の性質上困難な場合である．

A： ①放射線装置室　　②放射線照射室　　③エックス線照射室
B： ①70 μm 線量当量　②3mm 線量当量　　③1cm 線量当量
C： ①10　　②20　　③50
D： ①工場内で　②野外現場で　③移動させて

解答 A：①，　B：③，　C：②，　D：③

解説 4.5節⑥項参照．

4章　関係法令

> **例題9**　放射線装置を放射線装置室以外の場所で使用する場合または管電圧（ A ）kV以下のエックス線装置を装備している機器を使用する場合を除き，（ B ）によって関係者に知らせなければならない．
> A：①50　②100　③150　④200
> B：①自動警報装置　②回転灯　③アラーム装置　④警告灯

解答　A：③，　B：①

解説　自動警報装置の設置は，次の場合は除外されます．
（1）放射線装置室以外の場所で使用する場合
（2）管電圧 150 kV 以下の装置を使用する場合

> **例題10**　エックス線装置を放射線装置室以外に設置する場合には，立入禁止区域を設けることとされているが，次の図（平面）のうち立入禁止区域となる部分を塗りつぶしなさい．ただし，点線で囲まれた区域は外部放射線による実効線量が □ で囲んだ数値（mSv/週）を超える区域を示す．
>
> X：エックス線管の焦点の位置．実線は焦点を中心とする同心円を表し，③⑤⑩はそれぞれの直径を示す（単位：m）

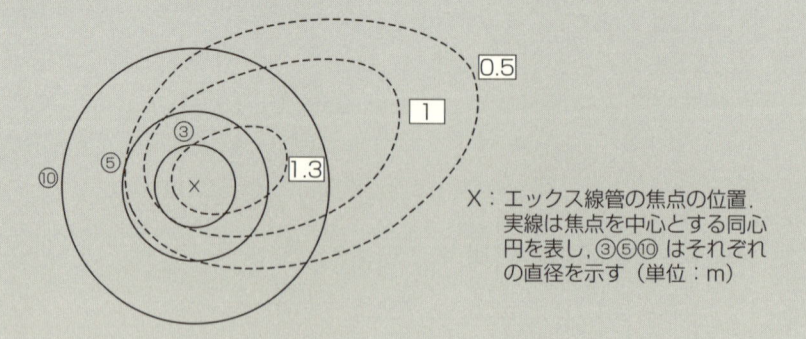

4.5 電離則・第3章（第10条～第19条）

解答　下図

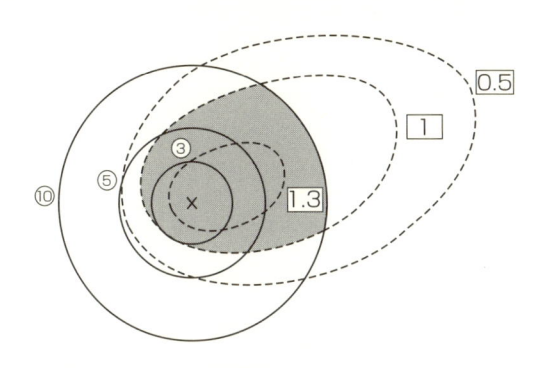

解説　立入禁止区域はエックス線管の焦点から 5 m 以内の距離ですから，その区域は焦点を中心とした直径 10 m の円の範囲となります．また，外部放射線による実効線量が 1 週間につき 1 mSv 以下の場所は，たとえ 5 m 以内の距離であっても立入禁止区域となりません．したがって，解答は図の塗りつぶされている範囲となります．

例題 11　次の文章の（　）の中に入る語句を選びなさい．

　事業者は放射線業務従事者の（ A ）内において受ける外部被ばくによる線量および内部被ばくによる線量を測定しなければならない．外部被ばくによる線量の測定は，男性または妊娠する可能性がないと診断された女性にあっては（ B ）部，その他の女性にあっては（ C ）部，この他，体幹部に属さない部位に最も多く被ばくすると特定できる場合は，当該部位にも（ D ）を装着させて測定しなければならない．

A：　①事業所　　②放射線作業場　　③管理区域　　④立入禁止区域
B：　①頭　　②胸　　③上腕　　④腹
C：　①頭　　②胸　　③上腕　　④腹
D：　①放射線測定器　　②放射線検出器　　③放射線コリメータ
　　　④放射線線質計

解答　A：③，　B：②，　C：④，　D：①

解説　外部被ばく線量の測定は，放射線業務従事者のほか，管理区域に一時的に立ち入る者および緊急作業に従事する労働者も被ばく線量を測定しなければ

なりません．また，これらの人は管理区域内では，フィルムバッジ，ポケット線量計などの放射線測定器をつけなければなりません．

例題12 次の文章の（　）の中に入る数値を選びなさい．
　人体の組織別の等価線量の（ A ）か月ごとおよび（ B ）年ごとおよび（ C ）年ごとの合計，女性（妊娠する可能性がないと診断されたものを除く）の実効線量の（ D ）か月ごと，（ E ）か月ごとおよび（ F ）年ごとの合計，これを（ G ）年間保存しなければならない．
①1　②3　③5　④10　⑤30　⑥50

解答　A：②，　B：①，　C：③，　D：①，　E：②，
　　　　F：①，　G：⑤

解説　第4条および第5条に規定する年限度を超えないよう，被ばく管理を適正に行うために記録を義務づけています．

4.6　電離則・第5章（第42条〜第45条）
　―緊急措置―

① 退避

規則第42条で次のように定めています．

　事業者は，次の各号のいずれかに該当する事故が発生したときは，その事故によって受ける線量が **15 mSv を超える** おそれのある区域から，直ちに，労働者を退避させなければならない．
1　第3条の2第1項の規定により設けられた遮へい物が放射性物質の取扱い中に破損した場合，又は放射線の照射中に破損し，かつその照射を直ちに停止することが困難な場合
2，3，4　（略）

4.6 電離則・第5章（第42条～第45条）

　5　前各号に掲げる場合のほか，不測の事態が生じた場合
② 事業者は，前項の区域を標識によって明示しなければならない．
③ 事業者は，労働者を第1項の区域に立ち入らせてはならない．ただし，緊急作業に従事させる労働者については，この限りではない．　　（規則第42条）

② 事故に関する報告

規則第43条で次のように定めています．

　事業者は，前条第1項各号のいずれかに該当する事故が発生したときは，速やかにその旨を当該事業場の所在地を管轄する**労働基準監督署長**（以下「所轄労働基準監督署長」という．）に報告しなければならない．
（規則第43条）

このような事故が発生した場合には，特に管理監督の責任上，作業主任者が関係してきます．

③ 診察等

規則第44条で次のように定めています．

　事業者は，次の各号のいずれかに該当する労働者に，速やかに医師の診察，又は処置を受けさせなければならない．
　1　第42条第1項各号のいずれかに該当する事故が発生したとき，同項の区域内にいた者
　2　第4条第1項又は第5条に規定する限度を超えて実効線量又は等価線量を受けた者
　3，4，5　（略）
② 事業者は，前項各号のいずれかに該当する労働者があるときは，速やかに，その旨を所轄労働基準監督署長に報告しなければならない．　　（規則第44条）

この条文は，特に放射線の影響を受けた労働者について，医師の診察または処置を受けさせることを定めたものです．

④ 事故に関する測定及び記録

規則第45条で次のように定めています．

> 事業者は，第42条第1項各号のいずれかに該当する事故が発生し，同項の区域が生じた場合には，労働者がその区域内にいたことによって，又は緊急作業に従事したことによって受けた実効線量，目の水晶体及び皮膚の等価線量並びに次の事項を記録し，これを **5年間保存** しなければならない．
> 1　事故の発生した日時及び場所
> 2　事故の原因及び状況
> 3　放射線による障害の発生状況
> 4　事業者がとった応急の措置
> ②　事業者は，前項に規定する労働者であって，同項の実効線量又は等価線量が明らかでないものについては，第42条第1項の区域内の必要な場所ごとの外部放射線による空気中の放射性物質の濃度，又は放射性物質の表面密度を放射線測定器を用いて測定し，その結果に基づいて計算により前項の実効線量又は等価線量を算出しなければならない．
> ③　前項の線量当量率は，放射線測定器を用いて測定することが著しく困難なときは，同項の規定にかかわらず，計算により算出することができる．
>
> （規則第45条）

これらの記録は，5年間保管すればよいとされていますが，集積線量などの関係もありますので，できるだけ長期間保管すべきです．

例題13　次の文章の（　）の中に入る語句または数値を選びなさい．
事業者は，遮へい物が放射線の照射中に破損し，その照射を直ちに停止することが困難となりその実効線量当量が（　A　）mSvを超えるおそれがある区域が生じた

4.6 電離則・第5章（第42条～第45条）

場合には（ B ）その旨を当該事業場の所在地を管轄する（ C ）に（ D ）しなければならない.

A： ①10　　②15　　③30
B： ①直ちに　　②速やかに　　③遅滞なく
C： ①労働基準局長　　②労働監督署長　　③労働基準監督署長
D： ①報告　　②申請　　③届出

解答　A：②，　B：②，　C：③，　D：①
解説　事故が発生したときは，その事故によって受ける実効線量が15mSvを超えるおそれのある区域から労働者を直ちに退避させると同時に，速やかに所轄の労働基準監督署長に報告するように定められています．

例題14　次の文章の（　）の中に入る語句または数値を選びなさい．
　事業者は労働者が（ A ）に受けた実効線量が50 mSv（目の水晶体のみに受けた等価線量については（ B ）mSv,皮膚のみに受けた等価線量については（ C ）mSv）を超えた場合は速やかに（ D ）の診察または処置を受けさせなければならない．

A： ①1日間　　②1週間　　③1か月間　　④1年間
B： ①100　　②150　　③200　　④300
C： ①150　　②250　　③300　　④500
D： ①医師　　②内科医　　③放射線科医　　④専門医

解答　A：④，　B：②，　C：④，　D：①
解説　規則第4条，第5条の線量の限度を超えた者と例題13で示した事故の発生区域内にいた者は，医師の診療を受けさせる義務があります．

例題15　次の文章のうちで正しいものを選びなさい．
　エックス線透過写真の撮影中に地震によって放射線装置室の遮へい壁に亀裂ができ，それによって15 mSvを超える線量を受ける事故が生じた．その場合，事業者が記録の保存を義務づけられていない項目はどれか．
　（1）事故によって受けた実効線量，目の水晶体および皮膚の等価線量

(2) 事故の発生した日時および場所
(3) 事故の原因および状況
(4) 放射線装置または機器の定格出力
(5) 放射線による障害の発生状況
(6) 事業者がとった応急の措置

解答 (4)
解説 規則第42条の事故が発生した場合の記録について規定したものです．(4) の放射線装置または機器についての記録は必要ありません．

4.7 電離則・第6章（第46条～第52条）
―エックス線作業主任者について―

① エックス線作業主任者の選任

エックス線作業主任者の選任は，管理区域ごとに事業者が行います．また，選任された主任者は，エックス線による障害の防止について常に研究し，安全を確保するように心掛けなければなりません．規則第46条では次のように定めています．

> 事業者は，令第6条第5号に掲げる作業については，エックス線作業主任者免許を受けた者のうちから，管理区域ごとに，エックス線作業主任者を選任しなければならない． （規則第46条）

ここで，令第6条第5号に掲げる作業というのは次の①および②の検査です．
① エックス線装置の使用またはエックス線の発生を伴う当該装置の検査
② エックス線管もしくはケノトロンのガス抜きまたはエックス線の発生を伴うこれらの検査

ただし，医療用または波高値による定格管電圧が1 000 kV（100万V）以上

4.7 電離則・第6章（第46条～第52条）

のエックス線装置は除かれます．これは，放射線取扱主任者の管理となります．

この規則の例外として，ハイジャック防止用手荷物検査装置（エックス線透視）で，遮へいによって，装置の外部が管理区域とならず，また検査する者の手指，腕などを内部に入れることなく検査を実施できるものについては主任者の選任は必要ありません．

なお，作業主任者を選任したときは，作業主任者の氏名およびその者に行わせる事項について，作業場の見やすい箇所に掲示する等により，関係労働者に周知させる必要があります．（「労安規則」第18条参照）．

② エックス線作業主任者の職務

エックス線作業主任者の職務については，規則第47条で次のように定めています．

> 事業者は，エックス線作業主任者に次の事項を行わせなければならない．
> 1　第3条第1項又は第18条第2項の標識がこれらの規定に適合して設けられるよう措置すること．
> 2　第10条第1項の照射筒若しくはしぼり又は第11条のろ過板が適切に使用されるように措置すること．
> 3　第12条各号又は第13条各号に掲げる措置又は第18条の2に規定する措置を講ずること．
> 4　前二号に掲げるもののほか，放射線業務従事者の受ける線量ができるだけ少なくなるように照射条件等を調整すること．
> 5　第17条第1項の措置がその規定に適合して講じられているかどうかについて点検すること．
> 6　照射開始前及び照射中，第18条第1項の場所に労働者が立ち入っていないことを確認すること．
> 7　第8条第3項の放射線測定器が同項の規定に適合して，装着されているかどうかについて点検すること．
>
> （規則第47条）

4章　関係法令

　エックス線作業主任者の選任を必要とする業務としては，エックス線装置の使用およびそれらのエックス線の発生を伴う検査の業務，およびエックス線もしくはケノトロンのガス抜き，またはそれらのエックス線の発生を伴う検査の業務ですが，このうち医療用および定格管電圧 1 000 kV 以上のエックス線装置を使用する装置は除外されます．

　また，エックス線作業主任者の職務は，次の 7 項目について行わなければなりません．

① 第 3 条第 1 項（管理区域），第 18 条の 2（立入禁止区域）に規定する各標識が適正に設けられているかどうか点検し，規定に適合するように措置します．

② 照射筒およびろ過板の使用について，適正な能力のものが選ばれているかどうかを判断し，適正なものが使われるように措置します．

③ 第 12 条（間接撮影），第 13 条（透視），第 18 条の 2 についての事項を行います．

④ 実際の作業に際しては，放射線業務従事者の受ける線量が少なくなるように絞り，照射筒を被照射体の形状などに適合したものを用いたり，照射方向をできるだけ安全な方向にしたり，管電圧・管電流を適正にしたりするなど，その照射条件を定めます．

⑤ 第 17 条（自動警報装置）などの機能の点検を行います．

⑥ エックス線の照射を行う場合には，必ず事前に立入禁止区域に人がいないことを確認します．

⑦ 放射線測定器が，最も放射線にさらされるおそれのある部位につけられているかどうか点検します．

③ エックス線作業主任者免許

　都道府県労働局長が，エックス線作業主任者試験に合格した者，または合格した者と同等以上の知識を有すると認められた者に対して，免許証を交付します（規則第 48 条参照）．

　この免許証は，日本全国どこでも通用します．また，その有効期間は特に定められていません．

4.7 電離則・第6章（第46条～第52条）

④ 免許の欠格事由

　この規定は，本人および他人に及ぼすエックス線障害防止の面からの制限と，本人の不正などによる制裁規定です．免許の制限事項としては，規則第49条で次のように定めており，満18歳にならないと免許が受けられないことになっています．

> 　エックス線作業主任者免許に係る労働安全衛生法（以下「法」という.）第72条第2項第2号の厚生労働省令で定める者は，満18歳に満たない者とする．
> （規則第49条）

⑤ 免許試験の科目等

　エックス線作業主任者免許試験についての規則で，科目と試験の方法が定められています（規則第50条参照）．

⑥ 試験科目の免除

　この規則は，第2種放射線取扱主任者免状を取得している人に対して，試験科目のうち，エックス線の測定に関する知識とエックス線の生体に与える影響に関する知識の2科目を免除すると定めたものです（規則第51条参照）．

⑦ 免許試験の細目

　労働安全衛生規則で定められた以外のエックス線作業主任者免許試験に必要な事柄は，厚生労働大臣が定めると決められています（規則第52条参照）．

⑧ 透過写真撮影業務の特別教育

　エックス線装置を用いて行う透過写真の撮影の業務に従事する者に対して，事業者は特別の教育を行わなければなりません．この教育は，常用の者の他，短期間の雇用者についても行う必要があります．撮影の業務のうち，単に装置の運搬にのみ従事する者は含まれません（規則第52条の5関係参照）．

4章　関係法令

特別の教育の科目と実施内容は，別途厚生労働省告示で表4・3のように定められています．

表4・3　透過写真撮影業務特別教育規程の項目

科　目	範　囲	時　間
透過写真の撮影の作業の方法	作業の手順，電離放射線の測定，被ばく防止の方法，事故の措置	1時間30分以上
エックス線装置の構造および取扱いの方法	エックス線装置の原理，エックス線装置のエックス線管，高電圧発生器および制御器の構造および機能，エックス線装置の操作および点検	1時間30分以上
電離放射線の生体に与える影響	電離放射線の種類および性質，電離放射線が生体の細胞，組織，器官および全身に与える影響	30分以上
関係法令	労働安全衛生法，労働安全衛生法施行令，労働安全衛生規則および電離放射線障害防止規則中の関係条項	1時間以上

例題16　エックス線作業主任者の選任を除外される業務は次のうちどれか．ただし，いずれの場合にも管理区域が存在するものとする．
(1) 定格管電圧 10 kV 以下のエックス線装置を用いて行うエックスに線よる溶接部の検査の業務
(2) 定格管電圧 110万 V のエックス線装置を用いて行うエックス線による溶接部の検査の業務
(3) 医療用に使用するエックス線装置を必要のつど，借用して行うエックス線による溶接部の検査の業務
(4) ケノトロンのガス抜きの業務

解答　(2)
解説　エックス線作業主任者を選任しなければならない業務として次の①および②があります．
① エックス線装置の使用またはエックス線の発生を伴う当該装置の検査
② エックス線管もしくはケノトロンのガス抜きまたはエックス線の発生を伴うこれらの検査

4.7 電離則・第6章（第46条～第52条）

ただし，医療用または波高値による定格管電圧が1 000 kV（100万V）以上のエックス線装置はそれぞれ医療エックス線技師，放射線取扱主任者が業務に当たりますので，エックス線作業主任者の選任は必要ありません．

> **例題17** 次の文章はエックス線作業主任者の職務に関して述べたものである．正しいものはどれか．
> (1) エックス線作業主任者は1事業場について1人選任すればよい．
> (2) エックス線作業主任者免許を有する者は，誰でもエックス線作業主任者の職務を行ってよい．
> (3) エックス線作業主任者免許は，出張作業のときは携帯しなければならないが，同一の事業所内で作業を行うときは，事業所内に備え付ければよい．
> (4) 機械の部品を透視によって検査する場合，この装置のエックス線管の管電流が2倍となったとき，直ちにエックス線回路を開放すること．
> (5) 機械部品を透視によって検査する場合，受像器を通過したエックス線の空気カーマ率がエックス線管の焦点から1 mの距離において17.4 μGy/h以下となるように鉛ガラスを取り付けること．

解答 (5)

解説 (1) エックス線作業主任者の選任は，管理区域ごとに選任しなければなりません．
(2) 主任者の免許証をもっていても，事業者から選任されなければ主任者の職務はできません．
(3) 出張作業だけでなく，放射線業務を行う場合には，どこにいても免許証は携行しなければなりません．
(4) 定格管電流の2倍以上の電流が流れた場合にエックス線管回路を自動的に開放するような装置を付けるよう事業者に義務づけられています．したがって，主任者の行う職務ではありません．しかし，自動装置が常に正常に動作するようにしておくことは主任者の職務となります．
(5) 規則第13条第5項および規則第47条第3項に，主任者の職務として行うように示されています．

4.8 電離則・第7章（第53条～第55条）
―作業環境の測定―

① 作業環境の測定を行うべき作業

規則第53条で次のように定めています．

> 令第21条第6号の厚生労働省令で定める作業場は，次のとおりとする．
> 1 放射線業務を行う作業場のうち管理区域に該当する部分
> 2 放射性物質取扱作業室
> 3 令別表第2第7号に掲げる業務を行う作業場
>
> （規則第53条）

令第21条は作業環境を測定すべき作業場について規定していますが，第6号に別表第2に掲げる放射線業務を行う作業場で，上記のように定められています．

② 線量当量率の測定等

作業環境の測定については，規則第54条で次のように定めています．

> 事業者は，前条第一号の管理区域について，**1月以内**（放射線装置を固定して使用する場合において使用の方法及び遮へい物の位置が一定しているとき，又は3.7GBq以下の，放射性物質を装備している機器を使用しているときは，6月以内）ごとに1回，定期に，外部放射線による線量当量率又は線量当量を放射線測定器を用いて測定し，そのつど次の事項を記録し，これを**5年間保存**しなければならない．
> 1 測定日時
> 2 測定方法
> 3 測定器の種類，型式及び性能
> 4 測定箇所

> 5　測定条件
> 6　測定結果
> 7　測定を実施した者の氏名
> 8　測定結果に基づいて実施した措置の概要
>
> ②　前項の線量当量率又は線量当量は，放射線測定器を用いて測定することが著しく困難なときは，同項の規定にかかわらず計算により算出することができる．
>
> ③　第1項の測定又は前項の計算は，1cm 線量当量率又は 1cm 線量当量について行うものとする．ただし，前条第1号の管理区域のうち，70μm 線量当量率が 1cm 線量当量率の 10 倍を超えるおそれがある場所又は 70μm 線量当量が 1cm 線量当量の 10 倍を超えるおそれのある場所においては，それぞれ 70μm 線量当量率又は 70μm 線量当量について行うものとする．
>
> ④　事業者は，第1項の測定又は計算による結果を，見やすい場所に掲示する等の方法によって，管理区域に立ち入る労働者に周知させなければならない．
>
> （規則第54条）

　第3項のただし書きの趣旨は，1cm 線量当量の 10 倍を超えるおそれのある場所では，実効線量が限度を超えるよりも先に，皮膚の等価線量が限度（年 500 mSV）を超えると考えられることから，70μm 線量当量（率）だけでよいとしたものです．

　ここで，第4項の周知の方法は，線量率の分布状況を掲示したり，等価線量率線を床の上に引いたりするなどの方法によって容易にわかるようにすることが必要です．

③ 放射性物質の濃度の測定

規則第55条では次のように定めています．

> 　事業者は，第53条第2号又は第3号に掲げる作業場について，その空気中の放射性物質の濃度を1月以内ごとに1回，定期に，放射線測定器を用

いて測定し，そのつど，前条第1項各号に掲げる事項を記録して，これを5年間保存しなければならない． (規則第55条)

例題18 次の文章の（　）の中に入る語句または数値を選びなさい．

事業者は，放射線業務を行う作業場のうち（ A ）について，1か月以内（放射線装置を固定して使用する場合に使用の方法および遮へい物の位置が一定しているとき，（ B ）か月以内）ごとに（ C ）回，定期的に，外部放射線による（ D ）または線量当量を，放射線測定器を用いて測定し，そのつど，次の事項を記録し，これを（ E ）年間保存しなければならない．

1. 測定日時　2. 測定方法　3. 測定器の種類，型式および性能
4. （ F ）　5. 測定条件　6. （ G ）
7. 測定を実施した者の氏名　8. 測定結果に基づいて実施した措置の概要

A：①事業所　②放射線作業場　③管理区域　④立入禁止区域
B：①1　②3　③6　④12
C：①1　②2　③3　④5
D：①等価線量　②吸収線量　③等価線量率　④線量当量率
E：①3　②5　③10　④30
F：①測定部位　②測定箇所　③測定高さ　④測定範囲
G：①測定回数　②測定環境　③測定手順　④測定結果

解答 A：③，B：③，C：①，D：④，E：②，F：②，G：④
解説 4.8節②項参照．

4.9　電離則・第8章（第56条～第59条）
―健康診断―

① 健康診断

健康診断の内容については、規則第56条で次のように定めています。

4.9 電離則・第8章（第56条～第59条）

　事業者は，放射線業務に常時従事する労働者で管理区域に立ち入るものに対し，雇入れ又は当該業務に配置替えの際，及びその後**6月以内ごとに1回**，定期に，次の項目について医師による健康診断を行わなければならない．

1　被ばく歴の有無（被ばく歴を有する者については，作業の場所，内容及び期間，放射線障害の有無，自覚症状の有無その他放射線による被ばくに関する事項）の調査及びその評価
2　白血球数及び白血球百分率の検査
3　赤血球数の検査及び血色素量又はヘマトクリット値の検査
4　白内障に関する眼の検査
5　皮膚の検査

② 　前項の健康診断のうち，雇入れ又は当該業務に配置替えの際に行わなければならないものについては，使用する線源の種類等に応じて同項第4号に掲げる項目を省略することができる．

③ 　第1項の健康診断のうち，定期に行わなければならないものについては，医師が必要でないと認めるときは，同項第2号から第5号までに掲げる項目の全部又は一部を省略することができる．

④ 　第1項の規定にかかわらず，同項の健康診断（定期に行わなければならないものに限る．以下この項において同じ．）を行おうとする日の属する年の前年1年間に受けた実効線量が5 mSvを超えず，かつ，当該健康診断を行おうとする日の属する1年間に受ける実効線量が5 mSvを超えるおそれのない者に対する当該健康診断については，同項第2号から第5号までに掲げる項目は，医師が必要と認めないときには，行うことを要しない．

⑤ 　事業者は，第1項の健康診断の際に，当該労働者が前回の健康診断後に受けた線量（これを計算によっても算出することができない場合には，これを推定するために必要な資料（その資料がない場合には，当該放射線を受けた状況を知るために必要な資料））を医師に示さなければならない．

（規則第56条）

② 健康診断の結果の記録

健康診断の結果は **30 年間保存** するように定められています．規則第 57 条では次のように定めています．

> 事業者は，前条第 1 項の健康診断（法第 66 条第 5 項ただし書の場合において当該労働者が受けた健康診断を含む．以下第 59 条において同じ．）の結果に基づき，電離放射線健康診断個人票（様式第 1 号）を作成し，これを 30 年間保存しなければならない．　　　　　　　　　　（規則第 57 条）

ここで，法第 66 条第 5 項のただし書とは，事業者の指定した医師または歯科医師の行う健康診断を受けなくても，他の医師または歯科医師の健康診断を受け，その結果の証明があればよいということです．

なお，健康診断の結果に基づいて医師から意見を聴取する場合は，診断日から 3 か月以内に行うことが規則第 57 条の 2 で定められています．

③ 健康診断の結果報告

規則第 58 条で次のように定めています．

> 事業者は，第 56 条第 1 項の健康診断（定期のものに限る．）を行ったときは，遅滞なく，電離放射線健康診断結果報告書（様式第 2 号）を所轄 **労働基準監督署長** に提出しなければならない．　　　　（規則第 58 条）

ここで，遅滞なくというのは，事情の許す限り最も速やかにということです．

④ 健康診断等に基づく措置

規則第 59 条で次のように定めています．

> 事業者は，電離放射線健康診断の結果，放射線による障害が生じており，若しくはその疑いがあり，又は放射線による障害が生ずるおそれがあると認

められる者については，その障害，疑い又はおそれがなくなるまで，就業する場所又は業務の転換，被ばく時間の短縮，作業方法の変更等健康の保持に必要な措置を講じなければならない．　　　　　　　　　　　（規則第59条）

例題 19 次の文章の（　）の中に入る語句を選びなさい．

　事業者は，放射線業務に常時従事する労働者に対しては，健康診断を雇入れまたは配置替えの際，およびその後（　A　）以内ごとに1回，定期的に行わなければならない．

　なお，（　B　）に関する（　C　）の検査および（　D　）の検査については，（　E　）以内ごとに1回，定期的に行わなければならない．

A：　①3か月　　②6か月　　③1年
B：　①目　　　②皮膚
C：　①白内障　②潰瘍
D：　①目　　　②皮膚
E：　①3か月　　②6か月　　③1年

解答　A：②，　B：①，　C：①，　D：②，　E：②
解説　4.9節①項参照．

4.10　労安法・第3章

① 総括安全衛生管理者

労働安全衛生法では，安全衛生の最高責任者として，労安法第10条で次のように定められています．

　事業者は，政令で定める規模の事業場ごとに，厚生労働省令で定めるところにより，総括安全衛生管理者を選任し，その者に安全管理者，衛生管理者

又は第25条の2第2項の規定により技術的事項を管理する者の指揮をさせるとともに，次の業務を統括管理させなければならない．
1　労働者の危険又は健康障害を防止するための措置に関すること．
2　労働者の安全又は衛生のための教育の実施に関すること．
3　健康診断の実施その他健康の保持増進のための措置に関すること．
4　労働災害の原因の調査及び再発防止対策に関すること．
5　前各号に掲げるもののほか，労働災害を防止するため必要な業務で，厚生労働省令で定めるもの．
②　総括安全衛生管理者は，当該事業場においてその事業の実施を統括管理する者をもって充てなければならない．
③　都道府県労働局長は，労働災害を防止するため必要があると認めるときは，総括安全衛生管理者の業務の執行について事業者に勧告することができる．

（労安法第10条）

労働安全衛生法施行令第2条で，総括安全衛生管理者を選任すべき事業場として，業種の区分に応じ，人数を定めています．
①　林業，鉱業，建設業，運送業及び清掃業…100人以上の労働者を使用
②　製造業，電気業，ガス業，熱供給業，水道業，通信業，各種商品卸売業と小売業，家具・建具，じゅう器等卸売業と小売業，燃料小売業，旅館業，ゴルフ場業，自動車整備業及び機械修理業…300人以上
③　その他の業種…1000人以上

また，労働安全衛生規則第2条では，上記の選任は事由が発生した日から**14日以内**に行い，その報告書を遅滞なく所轄の労働基準監督署長に提出しなければなりません．

② 衛生管理者

常時**50人以上**の労働者を使用する全業種の事業場における，労働衛生に係る技術的事項を管理するために，衛生管理者の選任を義務づけています．労安法第12条では次のように定めています．

> 　事業者は，政令で定める規模の事業場ごとに，都道府県労働局長の免許を受けた者その他厚生労働省令で定める資格を有する者のうちから，厚生労働省令で定めるところにより，当該事業場の区分に応じて，衛生管理者を選任し，その者に第10条第1項各号の業務（第25条の2第2項の規定により技術的事項を管理する者を選任した場合においては，同条第1項各号の措置に該当する者を除く．）のうち衛生に係る技術的事項を管理させなければならない．
> ②　前条第2項の規定は衛生管理者について準用する．
> 　　　　　　　　　　　　　　　　　　　　　（労安法第12条）

また，衛生管理者の選任については、労働安全衛生規則に定められています．

選任すべき事由が発生した日から **14日以内** に選任し，遅滞なく報告書を所轄の労働基準監督署長に提出しなければなりません（労安規則第7条関係参照）．

厚生労働省令で定めた衛生管理者の資格を有する者は

①　医師
②　歯科医師
③　労働衛生コンサルタント
④　上記以外で，厚生労働大臣の定める者

となっています．次に掲げる業種の区分に応じ，それぞれに掲げる者のうちから選任しなければなりません（労安規則第10条関係参照）．

①　第一種衛生管理者免許もしくは衛生工学衛生管理者免許を有する者または上記に掲げた者（農林畜水産業，鉱業，建設業，製造業，電気業，ガス業，水道業，熱供給業，運送業，自動車整備業，機械修理業，医療業および清掃業）

②　第一種衛生管理者免許，第二種衛生管理者免許もしくは衛生工学衛生管理者免許を有する者または上記に掲げた者（その他の業種）

衛生管理者は，常時使用している労働者数に応じた人数を選任しなければなりません．

50 人以上 200 人以下は，1 人
200 人を超え 500 人以下は，2 人
500 人を超え 1 000 人以下は，3 人
1 000 人を超え 2 000 人以下は，4 人
2 000 人を超え 3 000 人以下は，5 人
3 000 人を超える場合は，6 人

　常時 1 000 人を超える労働者を使用する事業場にあっては，衛生管理者のうち少なくとも 1 人を専任としなければなりません．常時 500 人を超える労働者を使用する事業場で，有害業務従事者 30 人以上の事業場では，専任を 1 人とする他，1 人は衛生工学衛生管理者の免許を有する者から選任します（労安規則第 7 条関係参照）．

　安全管理者および衛生管理者の選任が義務づけられていない常時 10 人以上 50 人未満の労働者を使用する事業場については，**安全衛生推進者**または**衛生推進者**の選任が義務づけられています（労安法第 12 条の 2 参照）．

③ 産業医

　常時 **50 人以上**の労働者を使用する事業場について、産業医を選任するように，労安法第 13 条で次のように定めています．

> 　事業者は，政令で定める規模の事業場ごとに，厚生労働省令で定めるところにより，医師のうちから産業医を選任し，その者に労働者の健康管理その他の厚生労働省令で定める事項を行わせなければならない．
>
> （労安法第 13 条）

　また，産業医の選任は，事由が発生した日から **14 日以内**に行い，遅滞なく報告書を所轄労働基準監督署長に提出します（学校保健法で定めた学校医が兼任する場合は除く）．

　常時 **1 000 人以上**の労働者を使用する事業場または特定の業務（有害物や有害ガス，蒸気または粉じんを発散する場所，有害放射線，多量の高熱物体や低温物体を取り扱う場所，深夜業，重量物の取扱い，強烈な騒音を発する場所など）

に，また常時 500 人以上労働者を従事させる事業所にあっては，専属の者を選任しなければなりません．また，常時 3 000 人を超える労働者を使用する事業場では，2 人以上の産業医を選任します（労安規則第 13 条関係参照）．

④ 統括安全衛生責任者

　元方事業者のうち，建設業および造船業に属する事業を行う者は，請負関係にある複数の事業者の労働者が同一場所において作業が行われることによって生ずる労働災害を防止するため，その場所で作業する労働者の数が，下請けも含めて常時 50 人以上（ずい道等の建設，圧気工法による作業の仕事の場合は常時 30 人以上）の場合に統括安全衛生責任者を選任します．元方事業者とは請負契約のうち最も先次の位置にある注文者を指します（労安法第 15 条関係参照）．

⑤ 安全衛生責任者

　統括安全衛生責任者が選任された場合で，選任すべき事業者以外の請負人で，その場所で仕事を行う事業者は，安全衛生責任者を選任し統括安全衛生責任者との連絡および関係者への連絡を行います．

⑥ 衛生委員会

　労働災害を防止するための対策を調査審議し，事業者に対して意見を述べさせるため，常時 50 人以上の労働者を使用する事業場に設置を義務づけています．

　委員の構成は，総括安全衛生管理者またはそれ以外の者で，当該事業場において事業の実施を統括管理する者もしくはこれに準ずる者 1 名，衛生管理者，産業医，労働者で衛生に関し経験を有する者から事業者が指名して構成します（労安法第 18 条関係参照）．

　委員会は毎月 1 回以上開催し，委員会における議事で重要なものについては記録を作成して，これを 3 年間保存しなければなりません（労安規則第 23 条関係参照）．

　労働安全衛生法では，同様に安全委員会の設置についても規定されています．また，安全委員会および衛生委員会を設けなければならないときは，それぞれの委員会に代えて，安全衛生委員会を設置することができるとされています．

4章　関係法令

4.11　労安法・第5章
―機械等および有害物質に関する規則―

1　譲渡等の制限等

　エックス線照射装置などは，厚生労働大臣の定める規格を具備しないものは，譲渡，貸与，設置が禁止されます．労安法第42条では次のように定めています．

> 　特定機械等以外の機械等で，危険若しくは有害な作業を必要とするもの，危険な場所において使用するもの又は危険若しくは健康障害を防止するため使用するもののうち，政令で定めるものは，厚生労働大臣が定める規格又は安全装置を具備しなければ，譲渡し，貸与し，又は設置してはならない．
>
> （労安法第42条）

　政令で定めるエックス線装置は，波高値による定格管電圧が10kV以上のものを指しますが，エックス線またはエックス線装置の研究または教育のため，使用のつど組み立てるものは除きます（労安法施行令第13条第3項第22号参照）．
　また，事業者は，令第13条の各号に掲げる機械等については，法第42条の厚生労働大臣が定める規格または安全装置を具備したものでなければ，使用してはならない（労安規則第27条）と定めています．

例題20　次の文章の（　　）の中に入る語句を選びなさい．
　定格管電圧（（　A　）による．以下同じ．）（　B　）kV以上のエックス線装置（エックス線装置の（　C　）または（　D　）のため使用のつど組み立てるものを除く．）は規格を具備しなければ譲渡し，貸与し，設置してはならない．
　A：　①波高値　　②実効値

B： ①10　②50　③100
C： ①使用　②教育　③検査
D： ①研究　②展示

解答 A：①，B：①，C：②，D：①

解説 この規格を満足していないエックス線装置は，設置することが禁止されています．また，この規格が適用されるのは，定格管電圧を波高値で表したときの 10 kV 以上の装置です．10 kV 未満の装置は発生するエックス線のエネルギーが小さいので，特に規格は適用されません．また，10 kV 以上であっても，エックス線またはエックス線装置の研究または教育のために使用する装置で，使用するたびに組み立てる装置も，使用の実情などを考慮して，規格は適用されません．

4.12　労安法・第8章
―免　許　等―

① 免　許

　免許は，免許試験に合格した者その他厚生労働省令で定める資格を有する者に対して，免許証を交付して行われます．免許試験は厚生労働省令で定める区分ごとに，都道府県労働局長が行います．また，次のいずれかに該当する者は，免許の交付を受けることができません．
　① 免許を取り消され，その取消しの日から起算して1年を経過しない者
　② その他厚生労働省令で定める者（労安法第72条関係参照）
　③ 心身の障害により免許に係る業務につくことが不適当であると認められる者

　エックス線作業主任者免許の場合，上記②に該当する者は，満18歳に満たない者を指します．

② 免許の取消し等

　免許の取消しは、前項の①～③に該当する場合のほか、次のように決められています．

> 　都道府県労働局長は，免許を受けた者が，次の各号のいずれかに該当するに至ったときは，その免許を取り消し，または6月を超えない範囲内で期間を定めてその免許の効力を停止することができる．
> 　1　故意または重大な過失により，当該免許に係る業務について重大な事故を発生させたとき
> 　2　当該免許に係る業務について，この法律またはこれに基づく命令の規定に違反したとき
> 　3, 4　（略）
> 　5　上記の他，免許の種類に応じて，厚生労働省令で定めるとき
> 　　　　　　　　　　　　　　　　　　　　　　　　（労安法第74条関係）

　上記5号は，免許試験の受験についての不正その他不正行為があったとき，免許証を他人に譲渡し，または貸与したときを指します（労安規則第66条関係参照）．

4.13 労安法・第10章
―監　督　等―

　放射線装置，装置室の設置・移転・変更の場合には，その計画を当該工事の開始の日の30日前までに，厚生労働省令で定めるところにより，労働基準監督署長に届け出なければならない（労安法第88条関係）と定められています．

4.14 問題演習

出題傾向 ➡ ➡ ➡

「法令」に関する問題では，電離放射線障害防止規則の「総則」，「管理区域および被ばく線量の限度」，「外部放射線の防護」，「緊急措置」，「健康診断」，「エックス線作業主任者」，「雑則」，労働安全衛生法の安全衛生管理体制などから出題されます。配点は100点満点中の20点で，科目の中では一番ウエイトが軽いのですが，法規の運用など難しい問題が出題されるので，用語の意味，数値などを確実に覚えておく必要があります。

重要事項 ➡ ➡ ➡

- 総　　則　　電離放射線の種類，放射線業務とは．
- 管理区域および線量限度　　管理区域とは，実効線量の合計が 1.3 mSv/3 月を超える区域，管理区域は標識によって示す．放射線業務に従事する労働者の線量限度は，実効線量限度が 100 mSv/5 年を超えず，かつ 50 mSv/年，等価線量限度のうち，目の水晶体は 150 mSv/年，皮膚は 500 mSv/年，緊急作業における限度は実効線量 100 mSv，目の水晶体に受ける等価線量は 300 mSv，皮膚に受ける等価線量は 1 Sv （男性および妊娠する可能性がないと診断された女性）．
- 外部放射線の防護　　特定エックス装置の規格，定格電圧 10 kV 以上のものは規格を備えていないと設置できない．照射筒，ろ過板，間接撮影時の措置，直接撮影時の措置，エックス線装置では定格出力を掲示する．放射線装置室，遮へい物，警報装置，立入禁止区域とは，エックス線管の焦点から 5 m 以内の場所（外部放射線による実効線量が 1 mSv/週以下の場所を除く）は立入禁止の標示をする．被ばく線量の測定，被ばく線量の測定結果の確認と記録，線量率の測定．
- 緊急措置　　事故によって受ける線量が 15 mSv を超えるおそれがある区域からは労働者を退避させる．事故報告は，所轄の労働基準監督署長に行う．診療または処置，事故に関する測定および記録．
- 健康診断　　定期健康診断の回数，健康診断の内容．
- エックス線作業主任者　　管理区域ごとに選任する，主任者の職務，エックス線作業主任者の免許をもっていても使用者から選任されなければエックス線作業主任者の業務は行えない，免許証は業務中は常に携帯する，満 18 歳にならないと免許証は与えられない．
- 安全衛生管理体制　　総括安全衛生管理者，衛生管理者，産業医，統括安全衛生責任者などの選任について．

4章　関係法令

問① エックス線装置を用いて放射線業務を行う作業場の管理区域に該当する部分の作業環境測定に関する次の記述のうち，法令上，正しいものはどれか．

(1) 測定は，6か月以内（エックス線装置を固定して使用する場合において使用の方法および遮へい物の位置が一定しているときは1年以内）ごとに1回，定期に行わなければならない．
(2) 測定は，原則として，1 cm 線量当量率または 1 cm 線量当量について行うものとされているが，70 μm 線量当量率が 1 cm 線量当量率を超えるおそれのある場所または 70 μm 線量当量が 1 cm 線量当量を超えるおそれのある場所においては，それぞれ 70 μm 線量当量率または 70 μm 線量当量について行わなければならない．
(3) 測定は，エックス線作業主任者が実施しなければならない．
(4) 測定の結果は，見やすい場所に掲示する等の方法により，管理区域に立ち入る労働者に周知させなければならない．
(5) 測定を行ったときは，その結果を所轄労働基準署長に報告しなければならない．

問② 管理区域に関する次のAからDまでの記述のうち，正しいものの組合せは (1)～(5) のうちどれか．
A 管理区域には，放射線業務従事者以外の者を立ち入らせてはならない．
B 放射線業務を行う作業場の管理区域に該当する部分については，作業環境測定を行わなければならない．
C 管理区域内の見やすい場所に，放射線業務従事者が受けた外部被ばくによる線量の測定結果の一定期間ごとの記録を掲示しなければならない．
D エックス線作業主任者は，管理区域ごとに選任しなければならない．
　(1) A, B　　(2) A, C　　(3) B, C　　(4) B, D　　(5) C, D

問③ 次のAからDまでの事項のうち，管理区域内の労働者の見やすい場所に掲示しなければならないものの組合せは (1)～(5) のうちどれか．
A 事故が発生した場合の応急の措置
B 電離放射線健康診断結果報告書の写し
C 被ばく線量の測定に用いる放射線測定器の装着に関する注意事項
D 管理区域内で1年間に受けた外部被ばくによる線量の測定結果
　(1) A, B　　(2) A, C　　(3) B, C　　(4) B, D　　(5) C, D

問④ 放射線業務従事者の被ばく限度として，法令上，正しいものは次のうちどれか．

4.14 問題演習

(1) 男性の放射線業務従事者が受ける実効線量の限度………5年間に150 mSv，かつ，1年間に50 mSv
(2) 女性の放射線業務従事者（妊娠する可能性がないと診断されたものおよび妊娠と診断されたものを除く）が受ける実効線量の限度………6か月間に15 mSv
(3) 妊娠と診断された女性の放射線業務従事者が腹部表面に受ける等価線量の限度………妊娠中に5 mSv
(4) 緊急作業に従事する男性の放射線業務従事者が受ける実効線量の限度………当該緊急作業中に120 mSv
(5) 緊急作業に従事する男性の放射線業務従事者が眼の水晶体に受ける等価線量の限度………当該緊急作業中に300 mSv

問⑤　エックス線装置を取り扱う放射線業務従事者が管理区域内で受ける外部被ばくによる線量の測定に関する次の文中の（　）内に入れるAおよびBの語句の組合せとして，法令上，正しいものは(1)～(5)のうちどれか．

「最も多く放射線にさらされるおそれのある部位が手指であり，次に多い部位が頭・頸部である作業を行う場合，男性の放射線業務従事者については（　A　）に，女性（妊娠する可能性がないと診断された女性を除く）の放射線業務従事者については（　B　）に，放射線測定器を装着させて線量の測定を行わなければならない．」

	A	B
(1)	胸部	胸部および腹部
(2)	頭・頸部および胸部	頭・頸部および腹部
(3)	頭・頸部および胸部	頭・頸部，胸部および腹部
(4)	手指および胸部	手指および腹部
(5)	手指，頭・頸部および胸部	手指，頭・頸部および腹部

問⑥　放射線業務従事者が管理区域内において外部被ばくを受けるとき，算定し記録しなければならない線量として，次のAからDまでの線量のうち，法令上，正しいものの組合せは(1)～(5)のうちどれか．

A　男性の放射線業務従事者の実効線量の6か月ごとおよび5年ごとの合計
B　女性の放射線業務従事者（妊娠する可能性がないと診断されたものを除く）の実効線量の6か月ごとおよび1年ごとの合計
C　人体の組織別の等価線量の3か月ごとおよび1年ごとの合計
D　妊娠中の女性の腹部表面に受ける等価線量の1か月ごとおよび妊娠中の合計

(1) A, B　　(2) A, C　　(3) B, C　　(4) B, D　　(5) C, D

4章　関係法令

問7　外部放射線の防護に関する次の措置のうち，電離放射線障害防止規則に違反しているものはどれか.
(1) 定格管電圧 200 kV のエックス線装置を放射線装置室に設置して使用するとき，装置に電力が供給されている旨を関係者に周知させる措置として，手動の表示灯を用いている．
(2) 装置の外側における外部放射線による 1 cm 線量当量率が 20 μSv/h を超えないように遮へいされた構造のエックス線装置を，放射線装置室以外の室に設置して使用している．
(3) 工業用の特定エックス線装置を用いて透視の作業を行うとき，エックス線管に流れる電流が定格管電流の 2 倍に達すると，直ちにエックス線管回路が開放位になる自動装置を設けている．
(4) 特定エックス線装置を用いて作業を行うとき，照射筒またはしぼりを用いると装置の使用の目的が妨げられるので，どちらも使用していない．
(5) 工業用のエックス線装置を屋外で使用するとき，そのエックス線管の焦点および被照射体から 5 m 以内であっても外部放射線による実効線量が 1 週間につき 1 mSv 以下の場所については，労働者が立ち入ることを禁止していない．

問8　特定エックス線装置の使用に関する次の文中の（　）内 A から C に入れる語句の組合せとして，正しいものは (1)～(5) のうちどれか．
「特定エックス線装置を使用するときは，原則として，利用線錐の放射角がその使用の目的を達するために必要な角度を超えないようにするための（ A ）又はしぼりを用いなければならない．
また，作業の性質上，（ B ）を利用しなければならない場合又は労働者が（ B ）を受けるおそれがない場合を除き，（ C ）を用いなければならない．」

	A	B	C
(1)	照射筒	軟線	ろ過板
(2)	遮へい物	硬線	照射筒
(3)	ろ過板	軟線	照射筒
(4)	照射筒	硬線	ろ過板
(5)	ろ過板	散乱線	鉛ガラス

問9　放射線装置室等に関する次の記述のうち，法令上，正しいものはどれか．
(1) 放射線装置室には，放射線業務従事者以外の者を立ち入らせてはならない．

4.14 問題演習

(2) エックス線装置を設置した放射線装置室については，遮へい壁等の遮へい物を設け，労働者が常時立ち入る場所における外部放射線による実効線量が，1週間につき 5 mSv を超えないようにしなければならない．

(3) 装置の外側における外部放射線による 1 cm 線量当量率が 30 μSv/h を超えないように遮へいされた構造のエックス線装置については，放射線装置室内に設置しなくてもよい．

(4) 管電圧が 150 kV を超えるエックス線装置を放射線装置室内で使用するときは，エックス線装置に電力が供給されていることを自動警報装置により関係者に周知させる措置を講じなければならない．

(5) 放射線装置室を設置しようとする事業者は，その計画を当該工事開始日の 14 日前までに，所轄都道府県労働局長に届け出なければならない．

問 10 放射線装置室の設置等に関する手続きとして，正しいものは次のうちどれか．

(1) 放射線装置室を設置しようとするときは，その計画を，工事開始の日の 30 日前までに，厚生労働大臣に届け出なければならない．

(2) 放射線装置室を設置したときは，設置後 14 日以内に，所轄労働基準監督署長に報告しなければならない．

(3) 既設の放射線装置室に新たにエックス線装置を設置しようとするときは，工事開始の日の 30 日前までに，所轄労働基準監督署長に届け出なければならない．

(4) 放射線装置室に設けたエックス線装置の主要構造部分を変更しようとするときは，所轄労働基準監督署長への届け出は要しない．

(5) 放射線装置室を廃止したときは，工事終了後 14 日以内に，所轄労働基準監督署長に報告しなければならない．

問 11 放射線装置室および立入禁止の規定に関する下文中の（　）内の A から C に入れる数字の組合せとして，正しいものは (1)〜(5) のうちどれか．

「工業用のエックス線装置は，原則として放射線装置室に設置しなければならないが，装置の外側における外部放射線による 1 cm 線量当量率が（ A ）μSv/h を超えないように遮へいされた構造のものについては，放射線装置室に設置しなくてもよい．

また，工業用のエックス線装置を放射線装置室以外の場所で使用する場合は，その装置のエックス線管の焦点および被照射体から（ B ）m 以内の場所（外部放射線による実効線量が 1 週間につき（ C ）mSv 以下の場所を除く）については，原則として労働者の立ち入りを禁止し，その場所を標識によって明示しなければならない．」

4章 関係法令

	A	B	C
(1)	20	1	5
(2)	20	5	1
(3)	10	1	5
(4)	10	5	1
(5)	20	1	1

問⑫ エックス線装置に電力が供給されている場合，法令上，自動警報装置を用いて警報しなければならないものは次のうちどれか．
(1) 定格管電圧 250 kV の工業用のエックス線装置を屋外で使用する場合
(2) 定格管電圧 200 kV の医療用のエックス線装置を放射線装置室に設置して使用する場合
(3) 定格管電圧 200 kV の工業用のエックス線装置を放射線装置室以外の屋内で使用する場合
(4) 定格管電圧 100 kV の工業用のエックス線装置を放射線装置室に設置して使用する場合
(5) 定格管電圧 100 kV の医療用のエックス線装置を放射線装置室以外の屋内で使用する場合

問⑬ 放射線装置室内でエックス線の照射中に，遮へい物が破損し，かつ，直ちに照射を停止することが困難である事故が発生し，事故によって受ける実効線量が 15 mSv を超えるおそれのある区域が生じた．このとき講じる措置として，法令上，正しいものは次のうちどれか．
(1) 当該区域を標識によって明示し，放射線業務従事者以外の労働者について，立入りを禁止する．
(2) 緊急作業を行う男性の放射線業務従事者について，作業中に受ける実効線量が 150 mSv を超えないようにする．
(3) 緊急作業を行う女性の放射線業務従事者について，作業中に受ける実効線量が 150 mSv を超えず，皮膚に受ける等価線量が 1 500 mSv を超えないようにする．
(4) 事故が発生したとき当該区域にいたすべての労働者に，速やかに医師の診察または処置を受けさせる．
(5) 労働者が当該区域にいたことによって受けた実効線量を記録し，3 年間保存する．

問⑭ 次の A から D までの場合について，法令に基づき所轄労働基準監督署長にそ

4.14 問題演習

の旨またはその結果を報告しなければならないものの組合せは，(1)〜(5) のうちどれか．

A　エックス線作業主任者を選任した場合
B　管理区域について，作業環境測定を行った場合
C　労働者が常時立ち入る場所の実効線量を一定量以下にするための遮へい物がエックス線の照射中に破損し，かつ，照射を直ちに停止することが困難な事故が発生した場合
D　放射線業務従事者が緊急作業中に 70 mSv の実効線量を受けた場合

　(1) A, B　　(2) A, D　　(3) B, C　　(4) B, D　　(5) C, D

問⑮　エックス線作業主任者の選任に関する次の記述のうち，法令上，正しいものはどれか．

(1) 波高値による定格管電圧が 10 kV 未満のエックス線装置を用いる作業については，作業主任者を選任しなくてもよい．
(2) 一つの管理区域内で 2 台のエックス線装置を使用するときは，作業主任者は 2 人以上選任しなければならない．
(3) 診療放射線技師免許を受けた者または原子炉主任技術者免状もしくは第一種放射線取扱主任者免状の交付を受けた者は，エックス線作業主任者免許を受けていなくても，エックス線作業主任者として選任することができる．
(4) 作業主任者を選任したときは，作業主任者の氏名およびその者に行わせる事項について，作業場の見やすい箇所に掲示する等により，関係労働者に周知させなければならない．
(5) 作業主任者を選任したときは，法定の報告書を所轄労働基準監督署長に提出しなければならない．

問⑯　法令に基づく次の A から D までの記録等のうち，原則として 30 年間保存しなければならないものの組合せとして，正しいものは (1)〜(5) のうちどれか．

A　管理区域に係る作業環境測定結果の記録
B　電離放射線健康診断個人票
C　放射線業務従事者の外部被ばくによる線量の測定結果に基づき，一定期間ごとに算定した実効線量の記録
D　エックス線装置を用いて行う透過写真撮影の業務に係る特別教育の記録

　(1) A, B　　(2) A, C　　(3) B, C　　(4) B, D　　(5) C, D

4章 関係法令

問⑰ 電離放射線障害防止規則による特別の項目についての健康診断（以下「健康診断」という）に関する次の記述のうち，誤っているものはどれか．
(1) 管理区域に一時的に立ち入るが放射線業務に従事していない労働者に対しては，健康診断を行う必要はない．
(2) 雇入れ時の健康診断において，実施日の前1年間に5mSvを超える被ばく歴の無い労働者に対しては，「被ばく歴の有無の調査およびその評価」を除く他の検査項目を省略することができる．
(3) 定期の健康診断において，医師が必要でないと認めるときは，「被ばく歴の有無の調査およびその評価」を除く他の検査項目の全部または一部を省略することができる．
(4) 健康診断の項目に異常の所見があると診断された労働者については，その結果に基づき，健康を保持するために必要な措置について，健康診断実施日から3か月以内に，医師の意見を聴かなければならない．
(5) 定期の健康診断を行ったときは，遅滞なく，電離放射線健康診断結果報告書を所轄労働基準監督署長に提出しなければならない．

問⑱ 電離放射線障害防止規則に基づく健康診断（以下「健康診断」という）に関する次の記述のうち，誤っているものはどれか．
(1) 放射線業務歴のない者を雇い入れて放射線業務に就かせるときに行う健康診断において，医師が必要でないと認めるときは，「白血球数および白血球百分率の検査」を除く他の検査項目の全部または一部を省略することができる．
(2) 定期の健康診断において，医師が必要でないと認めるときは，「被ばく歴の有無の調査およびその評価」を除く他の検査項目の全部または一部を省略することができる．
(3) 健康診断の項目に異常の所見があると診断された労働者については，その結果に基づき，健康を保持するために必要な措置について，健康診断実施日から3か月以内に，医師の意見を聴かなければならない．
(4) 健康診断の結果に基づき，電離放射線健康診断個人票を作成し，原則として30年間保存しなければならない．
(5) 電離放射線健康診断結果報告書の所轄労働基準監督署長への提出は，定期の健康診断を行ったときには必要であるが，雇入れまたは放射線業務への配置替えの際に行った健康診断については必要でない．

問⑲ エックス線装置構造規格に関する次の記述について，正しいものはどれか．

4.14 問題演習

(1) 医療用のエックス線装置については，この構造規格は適用されない．
(2) 携帯式の工業用一体形エックス線装置については，この構造規格は適用されない．
(3) 試験研究の目的で使用するエックス線装置については，この構造規格は適用されない．
(4) この構造規格に基づき，エックス線装置には，見やすい箇所に，定格出力，製造番号および設置年月日を表示しなければならない．
(5) この構造規格が適用されるエックス線装置は，照射筒，しぼりおよびろ過板を取り付けることができる構造のものでなければならない．

問20 エックス線による非破壊検査業務を行っている事業場の安全衛生管理体制に関する次の記述のうち，法令上，正しいものはどれか．
ただし，事業場の業種は製造業であり，労働者数はいずれも常時使用する人数とする．
(1) 30人以上の労働者を使用する事業場では，安全委員会および衛生委員会を設けなければならない．
(2) 50人以上の労働者を使用する事業場では，第一種衛生管理者免許または第二種衛生管理者免許を有する者のうちから衛生管理者を選任しなければならない．
(3) 100人以上の労働者を使用する事業場では，安全衛生推進者を選任しなければならない．
(4) 300人以上の労働者を使用する事業場では，総括安全衛生管理者を選任しなければならない．
(5) 300人以上の労働者を使用する事業場では，その事業場に専属の産業医を選任しなければならない．

問題の解答・解説

【問1】
解答 (4)
解説 管理区域の作業環境測定に関する問題
(1) 誤り．電離則第54条第1項参照．
(2) 誤り．電離則第54条第3項参照．
(3) 誤り．電離則第47条参照．
(4) 正しい．電離則第54条第4項参照．
(5) 誤り．報告については規定されていない．

4章　関係法令

【問2】
解答 (4)
解説 管理区域, 立入禁止区域に関する問題.
電離則第3条, 第18条, 第53条参照.

【問3】
解答 (2)
解説 管理区域掲示に関する問題.
電離則第3条参照.

【問4】
解答 (5)
解説 (1) 誤り. 電離則第4条第1項参照.
(2) 誤り. 電離則第4条第2項参照.
(3) 誤り. 電離則第6条参照.
(4) 誤り. 電離則第7条第2項参照.
(5) 正しい. 電離則第7条第2項参照.

【問5】
解答 (5)
解説 管理区域内における外部被ばく線量の測定に関する問題.
本問は外部被ばく線量の測定部位について規定した電離則第8条第3項の解釈の問題である.
　男性については, 胸部（第8条第3項第1号）, 頭・頸部（第8条第3項第2号）および手指（第8条第3項第3号）の測定, 女性（妊娠する可能性がないと診断された女性を除く）については, 腹部（第8条第3項第1号）, 頭・頸部（第8条第3項第2号）および手指（第8条第3項第3号）の測定が必要である.

【問6】
解答 (5)
解説 管理区域内の外部被ばく線量算定の記録に関する問題.
Aの記述は誤り. 男性の実効線量の3か月ごと, 1年ごとおよび5年ごとの合計（電離則第9条第2項第1号参照）.
Bの記述は誤り. 女性（妊娠する可能性がないと診断されたものを除く）の1か月ご

4.14 問題演習

と，3か月ごとおよび1年ごとの合計（電離則第9条第2項第2号参照）．
Cの記述は正しい．電離則第9条第2項第3号参照．
Dの記述は正しい．電離則第9条第2項第4号参照．

【問7】
解答（1）
解説 外部放射線の防護の措置に関する問題．
(1) は違反する．　管電圧 150 kV 以下のエックス線装置を使用する場合を除き，自動警報装置によらなければならない（電離則第17条参照）．
(2) は違反しない．電離則第15条第1項参照．
(3) は違反しない．電離則第13条第1項第2号参照．
(4) は違反しない．電離則第10条参照．
(5) は違反しない．電離則第18条第1項参照．

【問8】
解答（1）
解説 特定エックス線の使用に関する問題．
電離則第10条，第11条参照．

【問9】
解答（4）
解説 放射線装置室等に関する問題．
(1) 誤り．電離則第3条第4項および第15条第3項参照．
(2) 誤り．電離則第3条の2参照．
(3) 誤り．電離則第15条第1項参照．
(4) 正しい．電離則第17条参照．
(5) 誤り．安衛法第88条第1項参照．

【問10】
解答（3）
解説 放射線装置室の設置等の届出・報告に関する問題．
安衛法第88条第1項参照．
(2) 放射線装置室を設置したときの届出の規定はない．
(5) 廃止の報告規定はない．

4章　関係法令

【問 11】
解答 (2)
解説　放射線装置室，立入禁止に関する問題．
電離則第 15 条，第 18 条参照．

【問 12】
解答 (2)
解説　自動警報装置による警報に関する問題．
電離則第 17 条第 1 項参照．

【問 13】
解答 (4)
解説　緊急時の措置に関する問題．
(1) 誤り．電離則第 42 条第 2 項および第 3 項参照．
(2) 誤り．電離則第 7 条第 2 項第 1 号参照．
(3) 誤り．電離則第 7 条第 1 項および第 2 項第 3 号参照．
(4) 正しい．電離則第 44 条第 1 項第 1 号参照．
(5) 誤り．電離則第 45 条参照．

【問 14】
解答 (5)
解説　所轄労働基準監督署長への報告に関する問題．
A　誤り．報告については規定されていない．
B　誤り．報告については規定されていない．
C　正しい．電離則第 43 条および第 42 条第 1 項参照．
D　正しい．電離則第 4 条，第 44 条第 1 項第 2 号参照．

【問 15】
解答 (4)
解説　エックス線作業主任者の選任に関する問題．
(1) 誤り．施行令第 6 条第 5 号参照．(4.7 節①項参照)
(2) 誤り．電離則第 46 条参照．
(3) 誤り．電離則第 46 条参照．なお，診療放射線技師免許を受けた者または原子炉主任技術者免状もしくは第一種放射線取扱主任者免状の交付を受けた者は，エックス線作

4.14 問題演習

業主任者免許を受けることができる（電離則第48条参照）．
(4) 正しい．安衛則第18条参照．
(5) 誤り．報告については規定されていない．

【問16】
解答 (3)
解説 記録の保存に関する問題．
A 誤り．電離則第54条第1項参照．
B 正しい．電離則第57条参照．
C 正しい．電離則第9条第2項参照．
D 誤り．特別教育の記録は3年間保存しなければならない（安衛則第38条参照）．

【問17】
解答 (2)
解説 健康診断に関する問題．
(1) 正しい．電離則第56条第1項参照．
(2) 誤り．電離則第56条第4項参照．
(3) 正しい．電離則第56条第3項参照．
(4) 正しい．電離則第57条の2参照．（4.9節②項参照）
(5) 正しい．電離則第58条参照．

【問18】
解答 (1)
解説 健康診断に関する問題．
(1) 誤り．電離則第56条第2項参照．
(2) 正しい．電離則第56条第3項参照．
(3) 正しい．電離則第57条の2参照．（4.9節②項参照）
(4) 正しい．電離則第57条参照．
(5) 正しい．電離則第58条参照．

【問19】
解答 (5)
解説 エックス線装置構造規格に関する問題．
(1)，(2)，(3) は誤り．

4章 関係法令

　エックス線またはエックス線装置の研究または教育のため，使用のつど組み立てるものおよび薬事法第2条第4項に規定する医療機器で，厚生大臣が定めるもの以外は適用される（構造規格第1条に引用されている施行令第13条第33号に関する問題である）．
(4) 誤り．見やすい箇所に，定格出力，型式，製造者氏名および製造年月を表示しなければならない（構造規格第4条参照）．
(5) 正しい．構造規格第2条参照．

【問20】
解答 (4)
解説　安全衛生管理体制に関するに関する問題．
(1) 誤り．衛生委員会については施行令第9条参照．安全委員会については施行令第8条参照．(4.10節⑥項参照)
(2) 誤り．安衛則第7条第3号参照．(4.10節②項参照)
(3) 誤り．安衛則第12条の2参照．(4.10節②項参照)
(4) 正しい．施行令第2条第2号．(4.10節①項参照)
(5) 誤り．安衛則第13条第1項第2号参照．(4.10節③項参照)

付録

付録1 エックス線に関連するいろいろな単位について

力の単位　力を表す単位には，従来，ダイン（dyne：記号 dyn）があります．1 dyn は 1 g の物体に毎秒 1 cm の加速度を生じさせる力で，

$$1\,\mathrm{dyn} = 1\,\mathrm{g\cdot cm/s^2}$$

と表すことができます．

　国際単位系では，ニュートン（newton：記号 N）があります．1 N は 1kg の物体に毎秒 1 m の加速度を生じさせる力で，

$$1\,\mathrm{N} = 1\,\mathrm{kg\cdot m/s^2}$$

と表すことができます．ここで，1 N を dyn で表すと，

$$1\,\mathrm{N} = 1\,\mathrm{kg\cdot m/s^2} = 1\,000\,\mathrm{g} \times 100\,\mathrm{cm/s^2} = 10^5\,\mathrm{g\cdot cm/s^2} = 10^5\,\mathrm{dyn}$$

となります．

仕事（エネルギー）の単位　仕事を表す単位として従来，エルグ（erg：記号 erg）があります．1 erg は 1 dyn の力で物体を力の方向に 1 cm 動かす仕事で，

$$1\,\mathrm{erg} = 1\,\mathrm{dyn} \times 1\,\mathrm{cm} = 1\,\mathrm{dyn\cdot cm} = 1\,\mathrm{g\cdot cm^2/s^2}$$

と表すことができます．

　国際単位系では，ジュール（joule：記号 J）があります．1 J は 1 N の力で物体を力の方向に 1 m 動かす力で，

$$1\,\mathrm{J} = 1\,\mathrm{N} \times 1\,\mathrm{m} = 1\,\mathrm{N\cdot m} = 1\,\mathrm{kg\cdot m^2/s^2}$$

と表せます．ここで，1 J を erg で表すと，

$$1\,\mathrm{J} = 1\,\mathrm{kg\cdot m^2/s^2} = 1\,000\,\mathrm{g} \times 100\,\mathrm{cm/s^2} \times 100\,\mathrm{cm}$$
$$= 10^5\,\mathrm{dyn} \times 10^2\,\mathrm{cm} = 10^7\,\mathrm{dyn\cdot cm} = 10^7\,\mathrm{erg}$$

となります．

(1) 仕事率の単位には，毎秒どれだけ仕事をするかという割合を示すもので，ワット（watt：記号 W）があります．1 W は毎秒 1 J の仕事をする割合で．

付　録

$$1\,\text{W} = 1\,\text{J/s} = 1\,\text{kg}\cdot\text{m}^2/\text{s}^3$$

と表すことができます.

このほかに馬力がありますが，ここでは略します.

(2) 熱量の単位には仕事を表すほかの単位に，熱量があります．熱量は，カロリー（calorie：記号 cal）で表します．1 cal の熱量は，4.2 J の仕事に相当します.

$$1\,\text{cal} = 4.2\,\text{J} = 4.2\times 10^7\,\text{erg},\quad 1\,\text{J} = 0.238\,\text{cal}$$

電気量の単位　　電気量の単位には，CGS 静電単位（記号 cgs esu または esu）があります．1 esu は，真空中で 1 cm 離れて等しい電気量をもつ二つの帯電体が，互いに及ぼし合う力が 1 dyn であることを表します.

国際単位系では，クーロン（coulomb：記号 C）があります.

$$1\,\text{C} = 3\times 10^9\,\text{esu}\ (静電単位)$$

電子の電荷　　電子 1 個のもつ電気量で，

$$e = 4.8\times 10^{-10}\,\text{esu} = \frac{4.8\times 10^{-10}}{3\times 10^9} = 1.6\times 10^{-19}\,\text{C}$$

で表します.

電子の運動エネルギーの単位　　電子の運動エネルギーの単位には，電子ボルト（electron volt：記号 eV）があります．1 eV は，1 個の電子が真空中で電位差 1 V の 2 点間を運動するときに得る運動エネルギーを表します.

$$1\,\text{eV} = 1.60\times 10^{-12}\,\text{erg} = 1.60\times 10^{-19}\,\text{J} \fallingdotseq 3.81\times 10^{-20}\,\text{cal}$$

また，1 eV の 100 万倍を 1 MeV といい，

$$1\,\text{MeV} = 10^6\,\text{eV} = 1.60\times 10^{-6}\,\text{erg} = 1.60\times 10^{-13}\,\text{J}$$

となります.

電流の単位　　電流の単位としては，アンペア（ampere：記号 A）があります.

$$1\,\text{A} = 1\,\text{C/s}$$

となります.

放射能の単位　　放射線を放出する性質を放射能といいますが，単位時間当りの壊変数として定義される量のことも放射能と呼びます．壊変とは，不安定な原子が放射線としてエネルギーを放出しながら，安定な原子に変わっていく現象です．放射能の単位は，ベクレル（becquerel：記号 Bq）を使います．1 Bq は，1 秒間に 1 個の原子が放射性壊変を起こすことを表します.

付　録

放射線の単位の改正　1988年（昭和63年）に，1977年の国際放射線防護委員会（ICRP）勧告に基づき，放射線障害防止規則の改正が行われ，1989年（平成元年）から新しい単位に改正されました．放射能の単位は，ラジウムを発見したキュリー夫妻にちなんだ「キュリー」から，キュリー夫妻とともにノーベル物理学賞を受けた放射能発見者の名前の「ベクレル」に変わりました．放射線の人体への影響を示す線量当量は，「レム」から放射線防護に尽力したスウェーデンの学者の名をとって「シーベルト」へ，エックス線やガンマ線の強度および被ばく量を表す照射線量は，「レントゲン」から「クーロン毎キログラム」に変更されましたが，その後さらに，国際的に用いられている空気カーマ「グレイ」に変更されました．

放射線の当たった物質が吸収するエネルギー量を示す吸収線量は，「ラド」からイギリスの物理学者の名前の「グレイ」に変わりました．

新しい単位は，国際単位系（SI）における特別単位となっています．

付録2　本書に関連する主な基礎物理定数

名　　称	記号＝数値〔単位〕
真空中の光速	$c = 2.99792458 \times 10^8$ 〔m・s^{-1}〕
プランク定数	$h = 6.62606896(33) \times 10^{-34}$ 〔J・s〕
素　電　荷	$e = 1.602176487(40) \times 10^{-19}$ 〔C〕
電子の質量	$m_e = 9.10938215(45) \times 10^{-31}$ 〔kg〕
陽子の質量	$m_p = 1.672621637(83) \times 10^{-27}$ 〔kg〕
中性子の質量	$m_h = 1.674927211(84) \times 10^{-27}$ 〔kg〕

（出典：2008年版・理科年表による）

付録3 指数関数と対数関数に関する公式

指数関数と対数関数の関係

一般式：
$$y = a^x \Leftrightarrow x = \log_a y$$

自然対数（eを底とする対数）：
$$y = e^x \Leftrightarrow x = \log_e y \Rightarrow x = \ln y \text{（略式表記）}$$

常用対数（10を底とする対数）：
$$y = 10^x \Leftrightarrow x = \log_{10} y \Rightarrow x = \log y \text{（略式表記）}$$

対数関数の公式

公式1： $\log_a xy = \log_a x + \log_a y$

公式2： $\log_a \dfrac{x}{y} = \log_a x - \log_a y$

公式3： $\log_a 1 = 0$

公式4： $\log_a a = 1$

公式5： $\log_a x^y = y \log_a x$

対数関数の公式の適用例

(1) $y = e^x$ の両辺の自然対数をとる．
$$\log_e y = \log_e e^x = x \log_e e = x$$

(2) $y = 10^x$ の両辺の自然対数をとる．
$$\log_e y = \log_e 10^x = x \log_e 10$$

$\log_e 10 = 2.303$ であり，また，$x = \log_{10} y$ であるから，
$$\log_e y = 2.303 \times \log_{10} y$$

（真数［y］が同じ場合の自然対数と常用対数の関係）

付録

付録4　10の整数乗倍を表すSI接頭語

名称		記号	大きさ	名称		記号	大きさ
ヨタ	(yotta)	Y	10^{24}	デシ	(deci)	d	10^{-1}
ゼタ	(zetta)	Z	10^{21}	センチ	(centi)	c	10^{-2}
エクサ	(exa)	E	10^{18}	ミリ	(milli)	m	10^{-3}
ペタ	(peta)	P	10^{15}	マイクロ	(micro)	μ	10^{-6}
テラ	(tera)	T	10^{12}	ナノ	(nano)	n	10^{-9}
ギガ	(giga)	G	10^{9}	ピコ	(pico)	p	10^{-12}
メガ	(mega)	M	10^{6}	フェムト	(femto)	f	10^{-15}
キロ	(kilo)	k	10^{3}	アト	(atto)	a	10^{-18}
ヘクト	(hecto)	h	10^{2}	ゼプト	(zepto)	z	10^{-21}
デカ	(deca)	da	10	ヨクト	(yocto)	y	10^{-24}

付録5　ギリシア文字

大文字	小文字	呼称		大文字	小文字	呼称	
A	α	alpha	アルファ	N	ν	nu	ニュー
B	β	beta	ベータ	Ξ	ξ	xi	クサイ
Γ	γ	gamma	ガンマ	O	o	omicron	オミクロン
Δ	δ	delta	デルタ	Π	π	pi	パイ
E	ε	epsilon	イプシロン	P	ρ	rho	ロー
Z	ζ	zeta	ゼータ	Σ	σ	sigma	シグマ
H	η	eta	イータ	T	τ	tau	タウ
Θ	θ	theta	シータ	Y	υ	upsilon	ユプシロン
I	ι	iota	イオタ	Φ	ϕ	phi	ファイ
K	κ	kappa	カッパ	X	χ	chi	カイ
Λ	λ	lambda	ラムダ	Ψ	ψ	psi	プサイ
M	μ	mu	ミュー	Ω	ω	omega	オメガ

索　引

ア行

- アイソトープ　2
- アニーリング　67, 88
- アラームメータ　85
- アルファ粒子　62
- 安全衛生推進者　188
- 安全衛生責任者　189

- イオン化　62
- 一次不妊　115
- 印加電圧　64, 72
- 陰　極　24

- 永久不妊　115
- 衛生委員会　189
- 衛生管理者　186
- 衛生推進者　188
- エックス線回析装置　17
- エックス線作業主任者の職務　175
- エックス線作業主任者の選任　174
- エックス線作業主任者免許　176
- エックス線透過装置　17

- 温度効果　110
- 温度リレー回路　30

カ行

- カーマ　59
- ガイガー・ミュラー計数管　65
- ガイガー放電域　65
- 回　復　115
- 回復時間　74
- 化学作用　3
- 化学線量計　66
- 確定的影響　127, 131
- 確率的影響　128, 132
- 数え落とし　73
- 荷電蓄積式線量計　85, 89
- 荷電粒子　62
- ガラス線量計　66
- 感受性　109
- 間接撮影　160
- 間接作用説　110
- 間接電離放射線　62
- 管　体　24
- 管電圧　22
- 管電圧波高値測定回路　30
- 管電流　25
- 管電流測定回路　30
- 管理区域　149
- 管理区域に一時的に立ち入る労働者　151

- 希釈効果　110
- 軌道電子　1
- 逆電圧低減回路　29
- 吸収線量　60

索　引

急性障害　　　115
緊急措置　　　170

空気カーマ　　　59
空乏層　　　67
グレイ　　　59
グロー曲線　　　67

蛍光エックス線　　　11
蛍光エックス線分析装置　　　17
蛍光ガラス線量計　　　85, 88
蛍光作用　　　3
計数開始レベル　　　73
計数率　　　74
警報装置　　　164
ケノトロン　　　147
原　子　　　1
原子核　　　1
原子番号　　　1
減弱係数　　　8, 14
検出器の動作領域　　　64

降圧変圧器　　　27
光　子　　　3
高電圧回路　　　27
高電圧ケーブル　　　30
高電圧ブッシング　　　32
高電圧変圧器　　　26
光電効果　　　10
光電子　　　11
後方散乱線　　　15, 16
黒化作用　　　66
個人線量計　　　68
骨髄死　　　121

コンデンサ　　　27
コンプトン効果　　　12

サ行

サーベイメータ　　　67
最外殻電子　　　62
再結合域　　　64
再生係数　　　18
再生系組織　　　112
最短波長　　　5
産業医　　　188
酸素効果　　　110
散乱角　　　11, 15

しきい値　　　124
事業者　　　146
自己整流方式　　　27
実効エネルギー　　　19
実効焦点　　　26
実効線量　　　61, 132
実焦点　　　26
実用量　　　61
質量減弱係数　　　14
質量数　　　2
時定数　　　76
絞　り　　　32
写真作用　　　66
集束カップ　　　26
集束筒　　　26
自由電子　　　62
充電式電離箱　　　71
重陽子　　　62
宿　酔　　　122
昇圧変圧器　　　26

索　引

照射線量　　59
照射筒　　32, 158
焦　点　　26
シンチレーション　　65
シンチレーション計数管式サーベイメータ　　74
シンチレータ　　65
真の計数率　　74

生殖腺　　114
制動エックス線　　5
生物学的効果比　　110
生理作用　　3
整流器　　27
セリウム線量計　　66
線　質　　7
線質依存性　　85
潜　像　　66
潜像退行現象　　85
全致死線量　　120
全波整流方式　　28
潜伏期　　115
前方散乱線　　15
線量死亡率曲線　　119
線量当量　　61

総括安全衛生管理者　　185
総括安全衛生責任者　　189
早期影響　　115
造血器官　　114
相互作用　　10

タ行

ターゲット　　22

退行現象　　67
退　避　　170
タイマー回路　　30
立入禁止　　165
弾性散乱　　12

蓄　積　　116
窒息現象　　74
着色中心　　66
中枢神経死　　120
中性子　　2
腸　死　　121
直接作用説　　110
直接電離放射線　　62
直読式ポケット線量計　　85, 86

低電圧ケーブル　　30
鉄線量計　　66
電源ケーブル　　30
電　子　　1, 62
電子式ポケット線量計　　89
電子対生成　　12
電子なだれ　　72
電磁波　　3
電　離　　62
電離作用　　4, 62
電離則　　143, 146
電離箱　　64
電離箱域　　64
電離箱サーベイメータ　　71
電離放射線　　147
電離放射線障害防止規則　　143

同位元素　　2

索　引

透過作用　　　4
等価線量　　　61, 131
統計誤差　　　76
透視　　　161
特性エックス線　　　6
特別教育　　　177
トムソン散乱　　　12

ナ行

軟線　　　159

熱蛍光物質　　　67
熱ルミネッセンス線量計　　　67, 85, 88
熱ルミネッセンス物質　　　67

ハ行

白色エックス線　　　5
波長　　　3
半価層　　　7
半致死線量　　　119
反跳電子　　　12
半導体検出器　　　67
半導体式ポケットサーベイメータ　　　75
半導体式ポケット線量計　　　85
半波整流方式　　　28
晩発影響　　　115
晩発性障害　　　115

光刺激ルミネッセンス線量計　　　67, 85, 88
非再生系組織　　　112
非弾性散乱　　　12

被ばく限度　　　151, 152
皮膚　　　112
標識　　　162
ビルドアップ係数　　　18
比例計数域　　　65
比例計数管　　　65
比例計数管式サーベイメータ　　　72

フィラメント　　　24
フィラメント回路　　　27
フィラメント変圧器　　　27
フィルムバッジ　　　85
フェーディング　　　88
不感時間　　　73
プラトー　　　73
フリッケ線量計　　　66
分解時間　　　74

ベータ粒子　　　62
ベルゴニ・トリボンドの法則　　　109
弁別レベル　　　73

方向依存性　　　15
防護量　　　60, 131
放射口　　　30
放射線業務　　　147
放射線業務従事者　　　151
放射線装置室　　　163
放電式電離箱　　　71
ポケットチェンバ　　　85, 86
保護効果　　　110

ヤ行

陽極　　　24

索　引

陽　子　　2, 62
陽電子　　13

ラ行

励起電圧　　6
レーリー散乱　　12
連続エックス線　　5
連続放電域　　65
労働安全衛生法　　143
ろ過板　　32, 159

英数字

DIS 線量計　　85, 89

GM 計数管　　65
GM 計数管式サーベイメータ　　72
G 値　　66

H_{1cm}　　131
$H_{70\mu m}$　　131

ICRP 国際放射線防護委員会　　143

LD_{100}　　120

LD_{50}　　119

OSL 線量計　　88

PC 型　　86
PD 型　　86

RBE　　110

TLD　　88

W 値　　59

α 粒子　　62

β 粒子　　62

1.02 MeV　　12
1 cm 線量当量　　61, 131
1 m　　162
3.5 日死　　121
4 ～ 6 Sv　　115
6 月以内ごとに 1 回　　183
70 μm 線量当量　　61, 131

〈編者略歴〉

加藤　　潔　（かとう　きよし）
1971年　山形大学工学部機械工学科卒業
現　在　日本X線検査株式会社 常務取締役
　　　　技術開発部長

- 本書の内容に関する質問は，オーム社出版部「(書名を明記)」係宛，書状またはFAX（03-3293-2824）にてお願いします．お受けできる質問は本書で紹介した内容に限らせていただきます．なお，電話での質問にはお答えできませんので，あらかじめご了承ください．
- 万一，落丁・乱丁の場合は，送料当社負担でお取替えいたします．当社販売管理課宛お送りください．
- 本書の一部の複写複製を希望される場合は，本書扉裏を参照してください．
  JCOPY ＜(社)出版者著作権管理機構　委託出版物＞

やさしく学ぶ　エックス線作業主任者試験

平成 21 年 9 月 15 日　第 1 版第 1 刷発行
平成 23 年 7 月 25 日　第 1 版第 4 刷発行

編　者　加藤　潔
発行者　竹生修己
発行所　株式会社　オーム社
　　　　郵便番号　101-8460
　　　　東京都千代田区神田錦町3-1
　　　　電話　03(3233)0641(代表)
　　　　URL　http://www.ohmsha.co.jp/

© 加藤 潔 2009

印刷　エヌ・ピー・エス　　製本　司巧社
ISBN978-4-274-20752-5　Printed in Japan

放射線技術学シリーズ

日本放射線技術学会が責任をもって監修する教科書

放射化学（改訂2版） （B5判・196頁）
花田博之 編著

主要目次
- 第1章 放射能と同位体
- 第2章 壊変現象
- 第3章 天然放射性核種と人工放射性核種
- 第4章 放射性同位体の化学
- 第5章 放射性核種の分離法
- 第6章 標識化合物の合成法 他

放射線計測学 （B5判・222頁）
西谷源展・山田勝彦・前越 久 共編

主要目次
- 第1章 物理学的・化学的関連諸量の単位と定義
- 第2章 放射線計測機器
- 第3章 放射線計測の基礎
- 第4章 応用計測

MR撮像技術学（改訂2版） （B5判・390頁）
笠井俊文・土井 司 共編

主要目次
- 第1章 電磁気と数学の基礎知識
- 第2章 MR装置の構成
- 第3章 MR撮像技術の原理
- 第4章 MRI用造影剤
- 第5章 アーチファクト
- 第6章 評価法 他

CT撮影技術学 （B5判・326頁）
辻岡勝美・花井耕造 共編

主要目次
- 基礎編
  - 第1章 X線CT装置の歴史と原理
  - 第2章 CT装置の構成と機能
  - 第3章 CT装置のX線物理 他
- 臨床編
  - 第1章 造影剤
  - 第2章 頭部・頭頸部
  - 第3章 胸部 他

放射線生物学 （B5判・244頁）
江島洋介・木村 博 共編

主要目次
- 第1章 放射線生物学の基礎
- 第2章 放射線生物作用の初期過程
- 第3章 放射線生物学で用いる単位と用語
- 第4章 放射線による細胞死と生存率曲線
- 第5章 突然変異と染色体異常
- 第6章 組織レベルでの放射線影響 他

放射線安全管理学 （B5判・244頁）
富樫厚彦・鈴木昇一・西谷源展 共編

主要目次
- 第1章 放射線安全管理の基本理念
- 第2章 国際放射線防護委員会の勧告
- 第3章 放射線源
- 第4章 放射線の防護
- 第5章 放射線取り扱い施設の管理
- 第6章 環境の管理 他

核医学検査技術学（改訂2版） （B5判・408頁）
大西英雄・松本政典・増田一孝 共編

主要目次
- 第1章 核医学検査の基礎知識
- 第2章 放射性医薬品
- 第3章 核医学機器
- 第4章 核医学技術
- 第5章 画像評価と保守管理
- 第6章 核医学検査 他

放射線物理学 （B5判・216頁）
遠藤真広・西臺武弘 共編

主要目次
- 第1章 放射線の種類と基本的性質
- 第2章 原子の構造
- 第3章 原子核の構造
- 第4章 原子核の壊変
- 第5章 核反応と核分裂
- 第6章 電子線と物質の相互作用 他

診療画像技術学 -X線- （B5判・242頁）
金場敏憲・葉山和弘 共編

主要目次
- 第1章 X線撮影の基礎
- 第2章 検査に使用する装置
- 第3章 接遇とチーム医療
- 第4章 X線撮影時の体位
- 第5章 頭部，骨，関節単純撮影法
- 第6章 胸腹部単純撮影法 他

放射線治療技術学 （B5判・354頁）
熊谷孝三 編著

主要目次
- 第1章 放射線治療概論
- 第2章 放射線治療の歴史
- 第3章 放射線治療の物理
- 第4章 放射線治療の生物学
- 第5章 生物学的等価線量
- 第6章 放射線治療の線量と単位 他

もっと詳しい情報をお届けできます．
◎書店に商品がない場合または直接ご注文の場合も右記宛にご連絡ください．

ホームページ http://www.ohmsha.co.jp/
TEL／FAX TEL.03-3233-0643 FAX.03-3233-3440